商业摄影核心课

产品后期修图
从入门到精通

刘君武 编著

电子工业出版社
Publishing House of Electronics Industry
北京·BEIJING

内容简介

在产品摄影行业里，后期修图的重要性已经超过前期拍摄。天猫店里的产品照片，60%是拍摄，40%是后期修图。在画册广告、海报灯箱及电商页面的广告画面里，后期修图则占70%（产品效果）。本书教授你将一张普通拍摄的照片，如何调出质感、光感，提升产品诱惑力，满足客户的商业作品。本书教授你如何按照材质来选择正确的修图流程。本书涉及修图师必备的修图技能，其中包括：服饰、珠宝、液体与玻璃组合、金属反光面、人像、人像海报合成等方法。

未经许可，不得以任何方式复制或抄袭本书之部分或全部内容。
版权所有，侵权必究。

图书在版编目（CIP）数据

产品后期修图从入门到精通 / 刘君武编著. -- 北京：电子工业出版社，2019.1
（商业摄影核心课）
ISBN 978-7-121-35420-5

Ⅰ. ①产… Ⅱ. ①刘… Ⅲ. ①图象处理软件 Ⅳ. ① TP391.413

中国版本图书馆 CIP 数据核字 (2018) 第 253357 号

责任编辑：赵英华　　文字编辑：王　颖
印　　刷：北京富诚彩色印刷有限公司
装　　订：北京富诚彩色印刷有限公司
出版发行：电子工业出版社
　　　　　北京市海淀区万寿路 173 信箱　　邮编：100036
开　　本：787×1092　1/16　印张：13　字数：332.8 千字
版　　次：2019 年 1 月第 1 版
印　　次：2020 年 5 月第 3 次印刷
定　　价：79.00 元

凡所购买电子工业出版社图书有缺损问题，请向购买书店调换。若书店售缺，请与本社发行部联系，联系及邮购电话：(010) 88254888，88258888。
质量投诉请发邮件至 zlts@phei.com.cn，盗版侵权举报请发邮件至 dbqq@phei.com.cn。
服务热线：(010) 88254161 ~ 88254167 转 1897。

前言

时间过得飞快,本书距离第一版出版已经四年时间。

仅仅四年,商业摄影已经完全融入每家公司、每个店铺、每位读者的日常工作中,甚至再去称这些每天的拍摄工作为"商业摄影"已经不适合,人为定义的界限早已被打破。

所以在这次修订版中,我对于原版内容来了一次大换血,除了保留核心技术讲解,还增加了大量内容,根据行业划分拍摄类别,每个类别进行了更为详细的技术和原理解说,以便读者能够迅速领会并上手实操。

根据很多热心读者的提议,我把拙作《静物与产品摄影》的部分内容也移到此次修订版中,让本书的体量更大,专业性更突出。

《商业摄影实拍案例》系列图书很幸运地被多家高职院校选为教材,这让我欣喜的同时也感到责任重大。如何让读者和同学们掌握实用的摄影技术,了解各种摄影门类从而确定自己的职业方向是这次修订的主旨。

下面是给摄影新手的一些个人建议。

经常遇到摄影新手这样问我,他先发来一张图,然后问:"请问用书中的布光设备,能拍出这种效果的照片吗?"

我打开图片一看,那是在自然光下用手机拍摄的。

于是我这样回复:"这种画面您可以直接在现场用相机去拍,画质会更好,没有必要用书里的专业布光方式。"

回答完他们的问题,我忽然想起所有学习者的一个通病:执着于细节。

学习绘画的人都知道,当一个新手画画时,他总是从一开始就细抠局部,努力地去画五官的细节,细致地画手指的形状,最后把人画成了庙里的罗汉。

摄影新手一味地去模仿从某处得来的图片,希望用教材里的布光去实现同样的画面效果,却不知道他跟绘画新手一样,犯了"抠细节"的错误,过于执着某一既定的画面效果。

对于新手来说,百分百地还原某种画面效果是很难的。这需要丰富的经验,能通过样片猜测到画面的布光、采用的设备、构图的思路等。

前言

　　试想一下，即便只用一只灯来拍摄，柔光箱的尺寸大小，灯与产品的距离，灯位置的高低，灯头的角度，灯光的强弱，还有灯光的种类（闪光还是常亮）……任何因素的变动，都会影响画面的效果。

　　所以，摄影新手想一味地去模仿某种随机看到的光效是很难的——那是经验丰富的老手才能办到的。

　　摄影新手还是从熟悉最基本的设备开始，用最基础的布光灯位拍摄简单产品，大量拍摄，总结经验，然后就会理解别人的画面，也会创造自己的画面了。

特别感谢

非常感谢以下诸位,是你们的无私帮助,给了我写这本书的激情。

建筑 / 空间摄影师	陈声明
珠宝摄影师	王明爵
020 摄影基地	刘红辉
摄影师	罗湘林
服装商家	邓建飞
服装设计师	山关圭子
摄影师	杨凯新
摄影师	林戈
修图师	洪伟展
摄影师	陈海蔚
摄影师	高旭
模特	KK
导演	张彤
媒体人	刘云
导演	罗富平
本书策划编辑	孔德喜
斑马书店	郭丹

参与本书编写的有:陈声明、高旭、李洋、刘君武、王明爵、杨恒、杨凯新、罗富平、邓华军、付荞、甘慧、洪伟展、洪文楚、李宇光、邹美平。

目录

第 1 章
图片处理工作流程（一） 001

第 2 章
图片处理工作流程（二） 011

第 3 章
对比度和锐化 023

第 4 章
皮肤处理：去眼袋、黑斑 033

第 5 章
高对比、低饱和度服装调色法 050

第 6 章
服装修图 1：自由变换 059

第 7 章
服装修图 2：拼贴修补 069

第 8 章
抠　图 077

第 9 章
珍珠戒指局部的修补 102

第 10 章
珍珠吊坠：刻画光感 126

第 11 章
"画"戒指 138

第 12 章
可乐：多素材合成 154

第 13 章
手机：多素材合成 161

第 14 章
用"蒙尘与划痕"工具净化背景 168

第 15 章
抠底、合成人像图片 184

第 1 章

图片处理工作流程
（一）

　　我们工作室的图片处理工作流程：RAW 格式连机拍摄→Lightroom 软件处理数据、输出图片→Photoshop 软件处理图像。

　　RAW 格式拍摄的图片不是图片，只是一组原始数据（虽然在计算机上看到的是图像，但它仍然是一堆原始数据），需要在软件里把这些数据进行合理调整，再输出为图像。

　　有人问，既然 Lightroom 已经可以直接调整数据输出图像，为什么还要在 Photoshop 里处理呢？因为，作为专业后期处理软件，Photoshop 需要对图片进行更加精细化地处理，处理前后的画面效果截然不同。当然，Photoshop 也可以对 RAW 数据进行调整和输出图像，但毕竟太慢。所以，二者搭配使用，相得益彰。

　　Lightroom 软件是 Adobe 公司针对摄影师开发的一款软件，与 Photoshop 软件配合使用，使得整个工作流程十分顺畅。

　　很多摄影师使用的是飞思软件，它对图像数据的处理同样专业高效。它们都是优秀的软件，只是对像素数据的算法不同。

　　下面，用两张照片演示我们通常的图片处理流程。

1. 打开Lightroom软件，先单击左下角的"导入"按钮，当主页面出现多张图片的缩略图后，再单击右下角的"导入"按钮。

2. 刚才是在"图库"模块下进行的操作。现在，单击旁边的"修改照片"按钮。

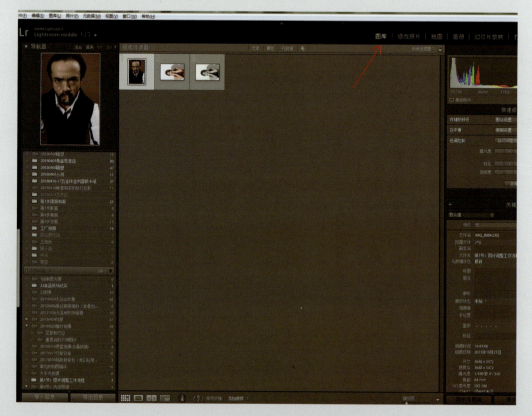

3. 在"修改照片"模块下，可以通过图片右侧的众多滑块对图像的原始数据进行调整，调出我们理想中的图像。

4. 这是导演郑平的肖像。通过提亮"曝光度"、增加"对比度"、减少"高光"调整白衬衫的过亮区域，增加"阴影"以突出黑马夹、眼珠、头发、胡子等细节。

5. 在"细节"面板，对图像进行锐化。"数量"表示整体锐化的程度，"蒙版"可以还原那些对比不太强烈的区域（也就是我们只锐化了对比强烈的边缘线和转折面），"明亮度"可以让画面变得更加细腻。

6. 完了？这么简单？其他数据是什么意思，不用管了吗？刚才介绍的是每一张照片都会进行的基本处理，同时也说明这款软件不难操作，它非常友好，只需大胆尝试，对比着看各个参数的效果。现在，按 Shift+Y 组合键，看一下刚才粗调的效果。

7. 用画笔工具把一些明显的斑点快速修掉。

    在右侧面板单击左上方带右箭头的圆圈，通过键盘上的中括号键改变圆圈的大小。然后，在这些斑点上单击，软件会自动替换掉斑点。如果不满意，可以拖动新出现的圆圈，则新选择的区域会更加准确地替换掉斑点并与周围皮肤融合。

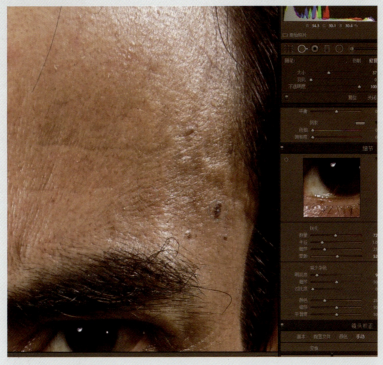

8. 第一张图片调好之后，再单击左下角的第二张照片。

    这是电视台编辑小蕾的肖像。因为当时是竖着拍的，所以显示出来的人物是横着的。

9. 按 Ctrl+ 右中括号组合键，图像转为竖向。然后，单击右上角的"裁切工具"，把画面裁成合适的构图。

10. 裁切好的图片色彩不准确，有点儿偏红。
    单击右上角的"吸管工具"，在画面中纯白或纯灰的背景部分单击，画面色彩立即变了。
    也许是因为选择的纯白或纯灰点有偏差，所以画面有些偏绿。

11. 拖动右侧"基本"面板中的"色调"滑块，让它稍微偏红一点儿。现在，绿色减少了，色彩正常了。

12. 去除脸上比较大的斑点。事实上，在 Photoshop 里修掉斑点会更快一些，在 Lightroom 里修掉更适合那些想快点出图发朋友圈的人。

13. 想用同一张图像再出一张黑白照片。

按 Ctrl+双引号组合键，原始图像就会出现一个副本。在副本上，可以调出一张黑白照片。将黑白照片的曝光度提高并增加对比度，毕竟黑白照片玩的是影调。

14. 为暗部加上棕色或褐色色调是时尚人像黑白照片非常重要的一个环节。因此，在"分离色调"面板的"复位阴影"选项中把"饱和度"滑块往右稍稍拖动，为照片暗部加入了"色相"条上的棕色。这是一个细微的调整，也许在纸面上不太明显，但在计算机上能感受到棕色调所带来的魅力。

15. 回到"图库"模块，按 Ctrl+A 组合键选中所有图片，按 Ctrl+Shift+E 组合键，导出调整好的图片。一般会把它导出到"原始照片所在的文件夹"。

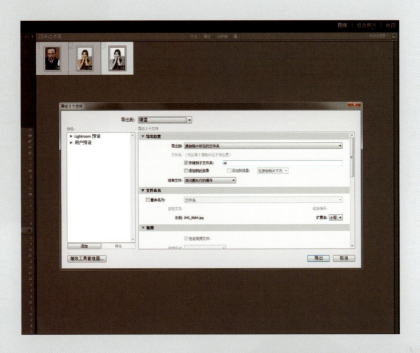

16. 将图片存在原始文件夹"OK"子文件夹里。

    因为在拍摄时已经完成了整体的影调和风格，所以导出来的照片是可以直接使用的。

    当然，在 Photoshop 里，还可以进一步精细化修图。

17. 这是相机JPEG格式拍摄的照片。

18. 调整后的编辑小蕾的照片如下所示。

19. 下面是同一张图像的黑白版本。

第 2 章

图片处理工作流程（二）

　　从 Lightroom 软件导出的图片，如果是产品照并且不需要抠底直接用的话，可以在导出对话框设置"调整图像大小"并选择适合的像素。

　　如果是人像的话，就输出原始像素，然后再在 Photoshop 里做精细处理。

　　本章只介绍 Photoshop 快速的人像处理方法（其他章节再做详细介绍）。

　　有人问，人像处理到哪一步才算完成？怎样才能达到像明星海报那种效果？

　　其实，摄影师没必要把修图师的工作给抢了。明星海报据我的合伙修图师阿展老师的工作速度，他要花一整天的时间（包括加班，大概十三四个小时）才能修完一张人脸。他会把人脸放大 300%～400%，修掉每一个毛孔周围的脏点，但是保留毛孔。给人物去黑斑，面部重新塑型，重新刻画身上的光感，重新修头发外形……

　　摄影师可以完成部分修图工作，但工作重点是把照片的构图、整体风格做到位，让画面的主题表达出来。细节的刻画，由专业的修图师完成（这就像绘画，艺术家要去抓整体，表达整体上的个人感受，而细节方面的刻画，甚至可以点到为止，不需要深入，但仍然能画出一幅杰作）。

人像处理最主要的是增加立体感，另外一个是磨皮。

很多人都有磨皮情结，特别是受当今各种磨皮滤镜的影响。其实，磨皮的核心就是让皮肤的细节变得模糊，突出光感，并隐藏瑕疵。

商业摄影面对的是有一定要求的客户。

商业摄影里的磨皮方法有很多种，我们只说最基础的快速磨皮。当把快速磨皮掌握了，其他方法只要一看就会（只是操作方法不同而已）。

现在，先修郑平导演的照片。我们要做的事情很明确：修脏点；为额头、脸部三角区、鼻梁增加亮光；为眼白增加亮光提升眼睛的对比度；加重鼻梁的阴影。

1. 从 Lightroom 软件导出的图片，将用 Photoshop 软件对它进行精细修图（当然，不是修图师那种级别的精修）。

2. 从 Lightroom 里导出图片时，不要勾选"调整大小以适合"复选框，因为还要在 Photoshop 里进行处理，所以保留原图大小导出。

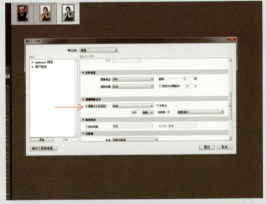

3. 在 Photoshop 里打开照片，先处理脏点。激活工具栏的"污点修复画笔工具"，按键盘的中括号键调整画笔大小，使其刚好比要修掉的脏点大一些，然后在脏点上单击，脏点就去除了。如果用污点修复画笔工具处理后却留下了新的痕迹，那就用仿制图章工具把新的痕迹修掉。激活"仿制图章工具"，按 Alt 键同时单击痕迹旁的皮肤完成取样，然后在痕迹上单击，即可去除痕迹。注意仿制图章工具的边缘硬度，可以在工具属性栏调节。

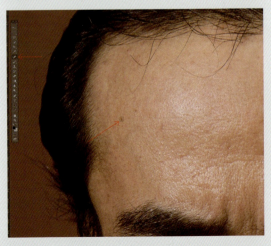

4. 单击"图层"面板右下角倒数第二个图标,新建一个空白图层。

5. 给人物面部画高光和阴影。用低透明度的"画笔工具",给额头、鼻梁、眼睛下方的三角区画高光。注意画笔的"硬度"设为"0",以便画出的边缘自然融合。注意,画高光时,工具栏底部的前景色是白色。之后,把前景色变成黑色,再在鼻梁的背光处从上往下画阴影。

6. 设置左上角的下拉调整栏。

7. 画完之后，把图层的混合模式改为"叠加"，这样画出来的白高光和黑阴影就不会只是白色或黑色的痕迹，而是有下方图层的皮肤质感。

8. 对眼睛做同样的处理，新建一个图层2，但是保持图层的混合模式是"正常"，而不是"叠加"，因为眼白部分没必要保持质感，事实上让它白起来会更有对比。

9. 最后，拼合图像。

10. 完成处理。

11. 现在，给小蕾的照片修图。

12. 用污点修复画笔工具先去掉脸部明显的瑕疵。具体做法：激活"污点修复画笔工具"，按 Alt 键并在瑕疵附近单击取样，然后单击瑕疵。

13. 按 Ctrl+J 组合键，复制一个图层，在这个图层上对人物进行磨皮。

在"通道"面板将"蓝"通道拖到"创建新通道"图标（倒数第二个），建立一个"蓝副本"通道。因为在蓝通道里人物皮肤的辨识度最高（即使"RGB"通道也没有它的辨识度高），所以用"蓝"通道去寻找皮肤里的质感因素。

14. 在菜单栏执行"滤镜"/"其他"/"高反差保留"命令。

15. 在"高反差保留"对话框，设置"半径"为"2.4"，一个能够明显看到皮肤颗粒质感的数值。

16. 在菜单栏执行"图像"/"计算"命令。

17. 在"计算"对话框，把"正片叠底"改为"强光"。

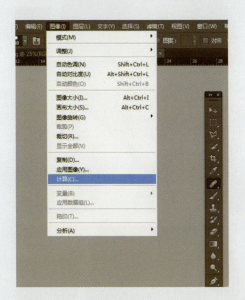

18. 把步骤 16、步骤 17 再操作两次，得到最强烈的高反差质感的 "Alpha3" 通道。

19. 按 Ctrl 键并单击 "Alpha3" 通道的色块，激活这个通道下的高对比像素。

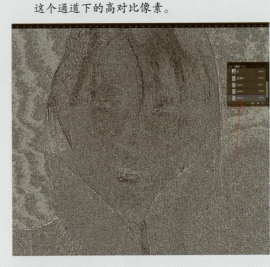

20. 选择彩色的 "RGB" 通道，刚才利用 "Alpha3" 通道所得到的选区，依然在 RGB 通道里。

21. 按 Ctrl+shift+I 组合键反向激活选区，并按 Ctrl+H 组合键把反选的激活状态的 "蚂蚁线" 隐藏。虽然此时看不到 "蚂蚁线"，但是选区仍然存在。

22. 按 Ctrl+M 组合键，用曲线工具提亮画面，可以看到皮肤的细节柔美了起来，光感也出来了。如果把曲线提得太高，皮肤会变成塑料质感。

23. 单击"确定"按钮，按 Ctrl+D 组合键将隐藏的"蚂蚁线"选区取消。

24. 应该算是完成了吧？但是还想还原头发的质感，刚才给磨得太柔和了，还想还原眉毛、眼睑、嘴唇的边线。

    因此，给图层 1 加一个蒙版，然后用黑色画笔在上述位置擦除，于是，头发、眉毛、眼睑、嘴唇原有的质感就又回来了。

    最后，合成图像，磨皮完成（注意，一定要把刚才创建的"蓝副本"通道和"Alpha"通道拖进右下角的"垃圾桶"，否则图片无法正常关闭）。

25. 最终的图片又将额头、鼻梁、眼睛下的三角区、下巴等处添加了高光。

26. 最后，给大家介绍一个快速调黑白照片的方法。执行"图像"/"模式"/"灰度"命令。

27. 出现提示，单击"扔掉"按钮。

28. 按Ctrl+M组合键，弹出"曲线"对话框，单击"自动"按钮（先熟悉自动调整的效果，以后再手动调整曲线），增加画面的对比度，黑白照片的对比度一般要强过彩色照片。彩色照片突出色彩关系，黑白照片突出影调。

29. 可以在自动调整的基础上细调曲线，让照片亮部更亮（注意，此时是往下拖动曲线图片会更亮，往上拖动曲线图片会更暗！）

30. 完成之后，再执行"图像"/"模式"/"双色调"命令。

31. 默认状态下的双色调已经很漂亮了。虽然也可以在"预设"选项的下拉列表里选择其他双色调种类。(可以去试试,很有意思。)

32. 利用其他模式调出了带有棕褐色调子的黑白照片。现在,恢复计算机默认的RGB颜色模式。

33. 下面是用Photoshop调出的黑白照片。

34. 最后，对比一下用 Lightroom 导出来的黑白照片。理论上，Lightroom 里也有柔化皮肤的功能，但没有 Photoshop 处理得精细。

第 3 章

对比度和锐化

一张图片如何调整才能让效果更突出？最简单而又最立竿见影的方法是调整对比度。

对比度能够让画面更加立体，空间感更强，并且色彩更加突出。

大多数时候，我们都是用曲线工具（图层面板的曲线调整图层）来调整图片的对比度。

蒙版工具是另一个强大的工具，可以针对性地调整想调整的区域，而保留不想调整的部分。图层面板里的调整图层都自带蒙版。

曲线工具和蒙版工具结合使用，可以让照片快速地焕然一新。

下面用一组烘焙食品的照片来演示。

未调整之前的原图，是以 JPEG 格式拍的，在相机上看似乎已经足够突出，但还想让它们更完美。

1. 一张原始图像。

2. 用曲线调整图层进行整体调整。

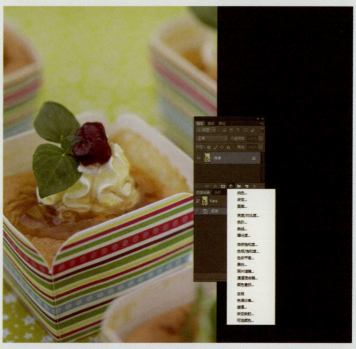

3. 调出S形曲线,使高光更亮,暗部更暗,对比度就加强了。(曲线的上半截是图中亮于50%灰的像素信息,下半截是暗于50%灰的像素信息。S形曲线就是让亮的更亮,暗的更暗。)

4. 调完曲线之后,再做隧道效果,也就是把画面四周压暗,从而更加突出中心。

5. 再添加一个曲线调整图层，把曲线调整框中的斜线往右下方拉，使整个画面暗下来。

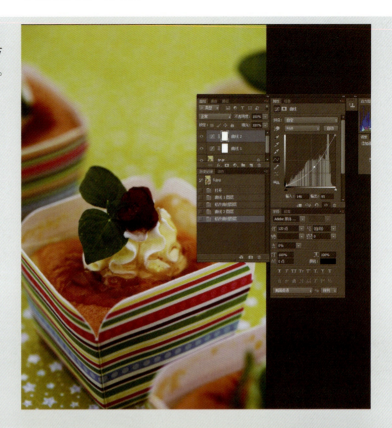

6. 用蒙版工具把中间的亮部还原。

找到左侧工具栏，单击"切换前景色和背景色"按钮，将前景色和背景色互换（一般默认状态是前白后黑），然后用大号的画笔工具，把中间的亮部擦出来（还原亮部）。注意，将画笔的"硬度"设为"0"，这样边缘会柔和，隧道的亮暗过渡也会柔和。

7. 比原始图像要好多了。
还想把中间部分提亮一些。
还是调整图层，但这次用另
一个工具：色阶工具。

8. 色阶调整是有损调整，图像
会丢失很多像素信息，但是
它对于"对比度"的调整比
曲线工具更明显、更直接。
目的是调整中间的樱桃、绿
叶和糖浆，只关注它们就行，
其他部分被调没了的像素还
可以用蒙版还原。

9. 按 Ctrl+I 组合键，把蒙版变为黑色（注意图层面板里一定是蒙版处于被激活的状态。因为操作步骤一多，很容易手一滑把其他图层给激活了，结果怎么弄弄不出来），同时把前景色变为白色（画笔也将变为白色）。

10. 用白色画笔把刚才提亮的樱桃、绿叶、糖浆部分擦出来，这些是画面的核心焦点。单击调整图层（标着"色阶1"的图层）左边的"眼睛"形状的图标，可以多尝试几次，对比着观察一下效果。

11. 最终效果已经接近完成。再对图像进行锐化。按 Ctrl+Alt+Shift+E 组合键，将刚才的所有效果盖印为一个新的图层"图层 1"，然后按 Ctrl+J 组合键，复制一个新的图层"图层 1 副本"。

12. 执行"滤镜"/"其它"/"高反差保留"命令。

13. 在"高反差保留"对话框的"半径"文本框输入一个数值，也可以调整下边的滑块，从"1"开始往大拉，这张 2100 万像素拍摄的照片，当拉到"2.2"时，樱桃和绿叶部分出现明显的素描线条。

14. 在图层面板把图层的混合模式由"正常"改为"叠加"。

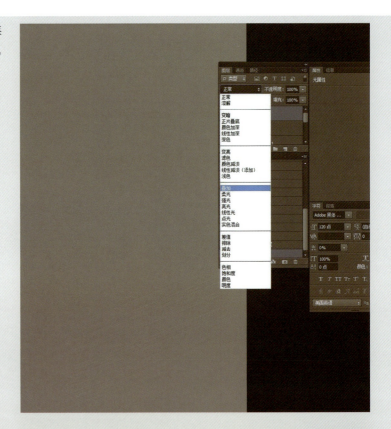

15. 在此处的纸质图片上可能看不出明显变化，但在计算机上，能够明显地看到画面的细节变化。

然而，只想把樱桃、绿叶和糖浆部分锐化，其余部分（例如纸杯的边缘）保持原样。怎么办呢？

还是用步骤9、步骤10的方法还原。

16. 最后，拼合图像。

17. 下面是处理完毕的图像。

18. 原始图像如下所示。

19. 图像调整前后的对比。

20. 图像调整前后的对比。

21. 图像调整前后的对比。

第 4 章

皮肤处理：去眼袋、黑斑

修图/图片处理本身并没有秘诀，大多数时候都是一些基本工具来来回回地操作，不同的人操作结果却让人感觉迥然不同。

专业的修图师也不是用了什么花哨的技术，他们最常操作的也就是那些步骤。但是有两点不同，一是他们有耐心，一张图片快的话要处理三四个小时，慢的话要一两天，修出来的片子想不好都难；二是专业修图师目标清晰，知道该修什么不该修什么，需要什么方式去实现什么效果，等等，这得益于他们丰富的经验。

关于精细修图，请大家移步到拙作《高级摄影实拍案例——高级修图技术》一书。在本书中，我们介绍通用的图片处理技术。本章就讲一讲皮肤处理的操作。

1. 这是我在正式拍摄之余，用入门相机给模特拍的一张头像。

   已经在 Lightroom 中进行了整体上的调整，调整了对比度、高光、阴影、白平衡等，调出来一张中规中矩的肖像。

   在 Photoshop 里，将主要处理皮肤。模特的皱纹过于明显。

2. 用"修复画笔工具"，修掉模特皮肤上的斑点。用"污点修复画笔工具"也许会更快速，但是会留下痕迹，"仿制图章工具"在一些明暗过渡的地方控制不好的话也会留下痕迹，还是"修复画笔工具"最可靠。

3. 处理鼻翼和转折面上的脏点,"修复画笔工具"能很好地完成任务。当然,修脏点是一件需要耐心的活儿。

4. 来看看修之前和修之后的对比。

5. 遇到比较大的斑块，可以选择"修复画笔工具"下方的"修补工具"。

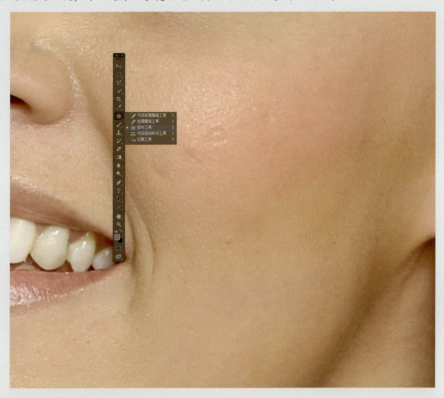

6. 只要把斑块圈起来，然后拖到旁边干净的皮肤处即可。

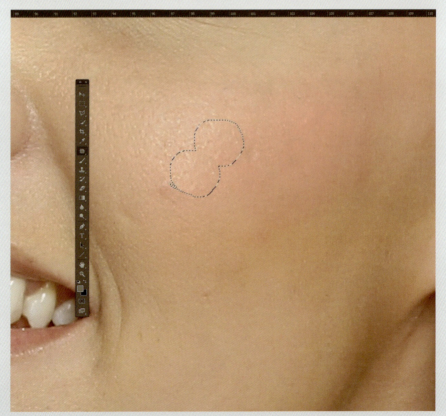

7. 还有一些暗斑和亮斑，我们用一个比较专业的办法。

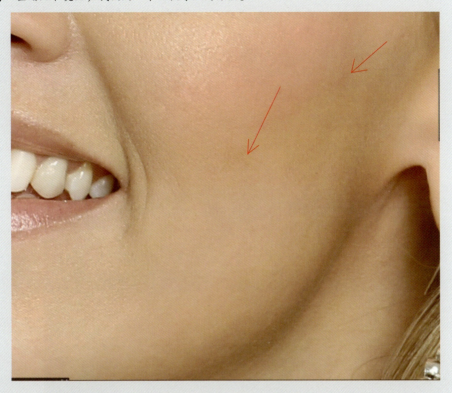

8. 先建立一个曲线调整图层，把曲线拉暗，这样暗斑会显得更清楚；再建立一个黑白调整图层，画面变为黑白，没有了色彩干扰。

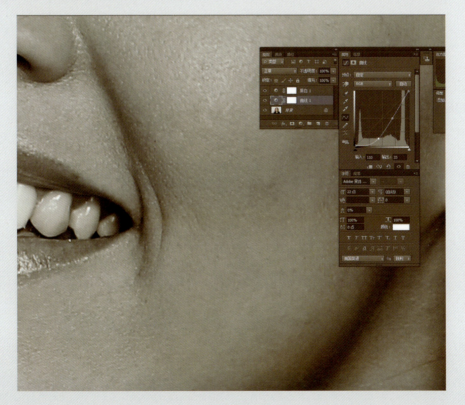

9. 单击图层面板底部倒数第二个图标，创建一个新的空白图层。激活"画笔工具"，将"前背景色"设置为"白色"，"背景色"设置为"黑色"。然后把画笔的"不透明度"调到"2%"，将空白图层的混合模式改为"叠加"。

10. 用"画笔工具"在面部的暗斑上单击，多次单击直到暗斑的明度与周围的皮肤达到一致，再去修下一个暗斑。

11. 画笔要比暗斑面积小，多单击几次，这样暗斑就会提亮得比较自然。如果遇到亮斑，按 X 键，让前景色与背景色互换，再用"画笔工具"在亮斑上单击，就会把亮斑压暗。

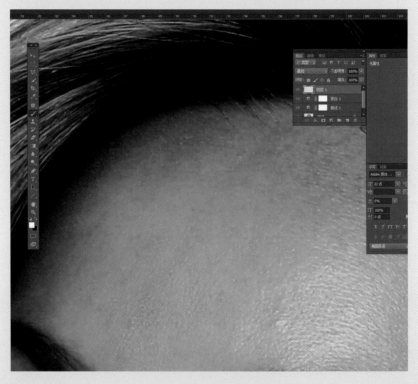

12. 为了保持整体性观察，可以按 Ctrl+ 加号或减号组合键，把图像放大、缩小对比着看暗斑所在的位置；也可以通过图层面板"空白图层"前的"指示图层可见性"图标，来看暗斑处修改前后的变化。

13. 脖子上的暗斑（不是黑痣，黑痣用"污点修复画笔工具"能轻松搞定），也用"画笔工具"把它们提亮。

14. 隐藏曲线调整图层和黑白调整图层，回到调整前的图层。

在隐藏与显示之间切换，对比一下前后效果。调整效果是微妙的，但皮肤更均匀光滑了。

15. 按 Ctrl+Shift+Alt+E 组合键盖印一个新图层，在这个新图层上，用"污点修复画笔工具"尽可能精细地圈出黑眼圈，将其拖到近似的光滑的皮肤处。

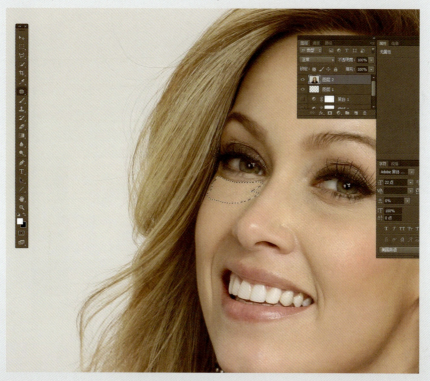

16. 修补得并不是很完美，因此，还需要用"修复画笔工具"结合"仿制图章工具"把下眼睑修得更自然一些。

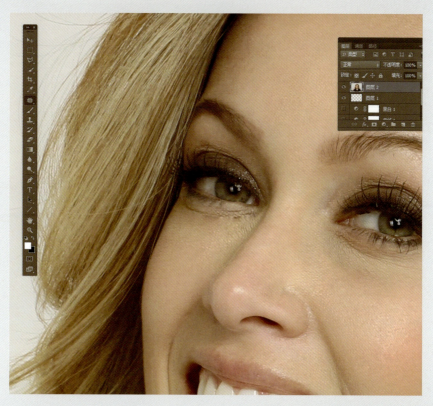

17. 如果还是觉得眼睑下方有点儿黑，可以用"画笔工具"把它提亮一些。这次就不用再添加曲线调整图层和黑白调整图层去帮助观察了。

18. 再盖印一个新图层，然后再用图像修复工具去修另一只眼睛的黑眼袋。

19. 可以多使用几次"图像修复工具"。

20. 再盖印一个新图层,用"画笔工具"把眼睑下方提亮一些。

21. 注意，修上眼睑和眼球交界线处多余的睫毛膏时，要用"仿制图章工具"，如果用"修复画笔工具"交界线就会糊成一片。

22. 脖子上的纹路，也用"图像修复工具"修掉。

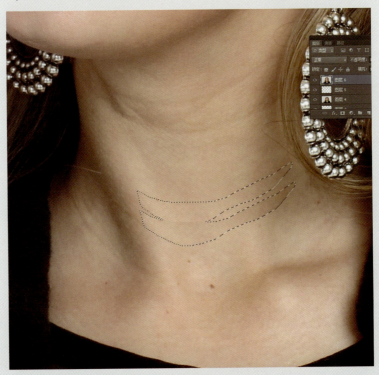

23. 脖子和锁骨附近的小黑痣,可以直接用"污点修复画笔工具",画笔比黑痣略大一点儿,直接单击它们就消失了。

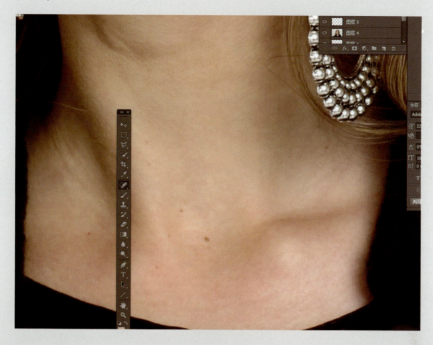

24. 利用通道、计算、强光、曲线等工具给模特快速磨皮。磨皮方法在前面的工作流程中已经解说过了。

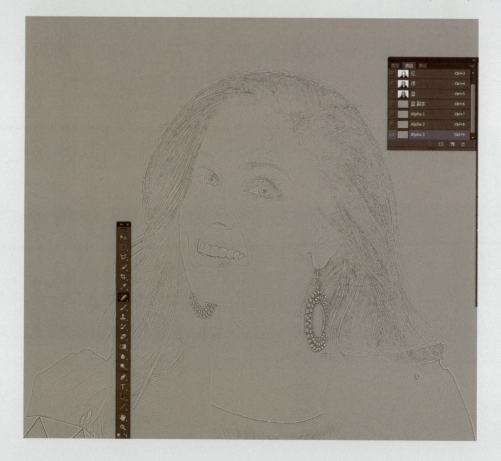

25. 模特的下巴有一点双下巴的感觉，用"液化工具"把下巴修瘦一点。

26. 用稍微大一些的画笔，把下巴推高一点。

27. 激活左上角的"膨胀工具",通过中括号键让画笔比眼睛稍微大一些,在黑眼球的正中间单击一下,放大模特的眼睛。

28. 盖印一个新图层,新建一个空白图层,用10%的白色画笔在模特的额头、鼻梁、眼睛下方的三角区、下巴处画高光,图层混合模式为"叠加",画完后如果高光太明显,可以降低图层的"不透明度"。

29. 最后,要把图像的四个角压暗。新建一个"曲线调整图层",往下拉曲线把画面压暗。

30. 用一个大号的画笔工具(注意将画笔的不透明度设为100%),把压暗的模特擦出来。

31. 最后检查图像，发现疏忽了脖子处的皱纹，而且嘴两边的法令纹也太深，把它们修掉了。读者朋友们可一定要更加仔细哦。

第 5 章

高对比、低饱和度服装调色法

好照片不只是把细节拍清楚、质感表现出来、色彩还原准确就行的。好照片更重要的是传达一种感受,就像绘画不是死抠细节而是注重感受一样。

拍摄时尚服装,最后出图调数据时,也是要调出一种感觉。

本章将演示如何在 Photoshop 的 Camera Raw 程序里快速地调出时下流行的高对比、低饱和度的图片。

先从拍摄现场开始。

1. 拍摄场景。

2. 拍摄场地是我们摄影棚附近的江边。

3. 在现场大型反光板比闪光灯的补光效果更好,无论模特和背景怎么变换所见即所得(因此测光会有很大不同)。

4. 举反光板的助理、组织画面并拍摄的摄影师、模特,三者必须协调一致才能拍出好照片。

5. 现在，开始出图，这是原片。

6. 这是调好的图。可以看到，调出了一种酷蓝调、高对比的画面。下面是实现步骤。

7. 在 Photoshop 的 Camera Raw 程序里打开图片，在右侧面板能看到原图的关键数据。

8. 将"白平衡"里的"色温"和"色调"拉高一点，校正一下整体的色彩倾向。

提高"曝光"，增加"对比度"。增加了对比度，画面立即有了立体感。

降低"高光"，把刚才由于提高曝光而丢失的高光部分的细节找回来。

减少"阴影"，画面里的暗部会更暗一点。

减少"白色"，则画面中的白色细节会更多。

减少"黑色"，则画面中的黑色部分会更黑。

在面板的最下方，可以看到"饱和度"降低了很多。增加"自然饱和度"使照片的整体色调更和谐。

9. 针对这张照片,再将"色相"选项的滑块从橙色(主要存在于皮肤)往淡黄方向拉一点。

10. 在"分离色调"面板,往暗调里加一点绿。

11. 最后，在曲线面板里把蓝色和红色的比例微调一下。这个就要凭经验、感觉，以及多多尝试了。

12. 调整前后对比。

调整前

调整后

13. 调整前后对比。

调整前

调整后

14. 调整前后对比。

调整前

调整后

15. 调整前后对比。通过这些对比,你是否已经对这种画面风格和调图思路有了感觉?赶快动手试一试吧。

调整前　　　　　　　　　　　　　　　　　　　　　　　　调整后

第 6 章

服装修图 1：自由变换

本章将展示如何用"自由变换"工具简单高效地完成修图。

如果能熟练使用"自由变换"工具，那么大长腿、小蛮腰就可以立马实现，实在是修图的利器。

1. 这是一条悬空拍摄的裙子。

2. 在Photoshop里打开图片,按Ctrl+R组合键显示标尺,单击边缘标尺拉动参考线;按Ctrl+J组合键复制图层,按Ctrl+T组合键出现"自由变换"的标示框,把光标放在画面外,拖动旋转。

3. 向内推动自由变换边框竖边的中间标示点,衣服立即显瘦。

4. 按 Ctrl+Shift+Alt+E 组合键盖印一个新图层,按 V 键激活"移动"工具,把新图层往顶部拖动(本着"上紧下松"的原则)。此时,还可以再按 Ctrl+T 组合键并把下边线往下拉,让裙子显得更加细长。

5. 再按 Ctrl+Shift+Alt+E 组合键盖印出一个新图层,按 S 键激活"仿制图章工具",修掉铁丝、木箱等道具。(注意要适时地调整"仿制图章工具"的画笔硬度。)

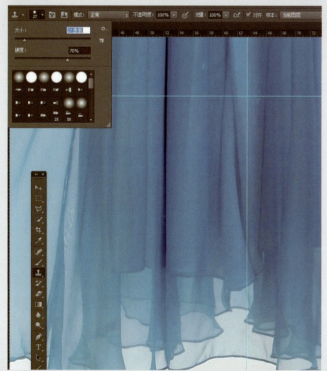

6. 修掉这些道具的方法有很多。一般是按 L 键激活"套索工具",用"套索"或"多边形套索"快速将其选取,然后按 Shift+Backspace 组合键,修掉道具。

7. 在"视图"菜单栏单击"清除参考线"。

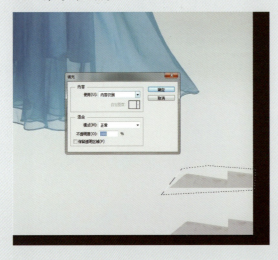

8. 修图前后对比。

修图前

修图后

9. 这是另外一条裙子,上部右侧太外凸,两边的裙脚不水平。

10. 用"滤镜"里的"液化"工具先推一推形状。

11. 单击"液化"工具,打一个全新的窗口。用左上角第一个"向前变形"工具,向内推动裙子两侧的弧线。圆圈画笔要比裙子的凸起弧度大一些,这样往里推的时候裙子的弧度会收缩得更自然。

12. 现在,可以像修上一条裙子那样,修掉铁丝和木箱。

13. 对这张风格纯净的图片，用"自由变换"工具给它重新调形。按 Ctrl+Shift+Alt+E 组合键盖印出一个新图层，然后按 Ctrl+T 组合键，出现"自由变换"的标示框。计划把两边的裙脚对齐。于是把光标放在"自由变换"标示框内部，按鼠标右键，弹出快捷菜单，选择"斜切"选项。

14. 按住左侧竖边的中间点往上拉。"斜切"功能就是此时只能直上直下地拖动，不会向左或向右偏移。

15. 这时，左边的腰部又高了。于是，再单击鼠标右键，在弹出的快捷菜单选择"变形"选项，变换工具后单击出现横竖线的框架。在腰部附近单击并拖动，把腰部拖动到正确位置。拖动腰部时，其他部分很少移动或几乎不移动，可以多试几次。

16. 如果觉得画面太满，可以按住 Shift+Alt 组合键，单击右下角的标示点按住并往中心推，裙子则会朝着中心等比例缩小。

17. 最后,还可以再自由变换一次,把裙子的上半部分拉长,之后再进行锐化。将修图前后的效果对比一下。

修图前　　　　　　　　　　　　修图后

18. 修电商类图片,在拉长人腿时用自由变换工具会更快。用这张图来举例,按M键激活"矩形选框工具",快速框取腰胯以下的区域。

19. 按 Ctrl+T 组合键对选区自由变换,向下拉底线中间的标示点,人腿变长,完成。剩下的就是修掉柔光箱。

20. 修图前后对比。

修图前　　　　　　　　　　修图后

第 7 章

服装修图 2：拼贴修补

　　服装照片有很多部分在拍摄时是无论如何都塑造不出理想形状的。所以除了主图，还会单独拍摄一张塑造出形状的特写，后期处理时再把它粘贴到主图相应的位置。

　　很多悬空状态的服装照片，都是这样分开拍摄的，前期拍摄服装撑起来的照片，以及去除了支撑物的特写部分，后期合成这两张素材。

　　因为都是在同一光线下拍摄的，所以合成之后天衣无缝。

　　这个案例没有那么复杂，是用图片的一部分去覆盖另一部分，所用技术也基本相同。这个案例是用一只袖子去覆盖另一只袖子。

　　在 Lightroom 里打开图片，进行第一步处理。其实如果是单张照片（Raw 格式）的话，在 Photoshop 里打开，软件里的 Camera Raw 程序也一样可以处理，只是界面不同而已。

1. 在 Lightroom 里批处理图片。对这一张照片，调整服装的明暗对比、色彩饱和度。因为前期拍摄光线到位，只用提高一点对比度就可以。

2. 从 Lightroom 里导出照片。虽然光线没问题，但服装的造型显得粗而短。把图片在 Photoshop 里打开。

3. 用魔棒工具选中图像中的白色区域，然后反选服装，把它复制为一个新图层。

4. 用最简单的办法把服装变瘦，用自由变换工具，把左右两边的中点往里推，服装整体就瘦了。

5. 为了方便观看，在服装图层的下方建立一个白色的图层。

6. 用液化工具修整服装形状，把造型不满意的袖子推圆一些。

7. 液化完成后，再观察服装，右边的袖子不够规整，所以把左边的袖子复制一部分生成一个新图层，用它去替换右边的袖子。

8. 两只袖子要对接严密，用自由变换工具调节四角和四边的标示点。它们的明暗也不一样，可以用色阶工具快速调节成相同的亮度。

9. 如果有拼接痕迹的话，为新的袖口图层添加蒙版，然后用画笔工具擦除边缘接痕。

10. 这里把新图层的透明度降低，使其能看到下面原来的袖子。可以用套索工具选中它，按 Delete 键将其删除，这样就只剩下新粘贴的袖口了。

11. 合并所有图层到一个新图层，接着用裁切工具把图片裁成长方形。

12. 如果还觉得服装有些粗短的话，可以用自由变换工具，把标示框的顶边中点往上拖动，服装就变瘦了。修图完成。

13. 最终修好的图片。

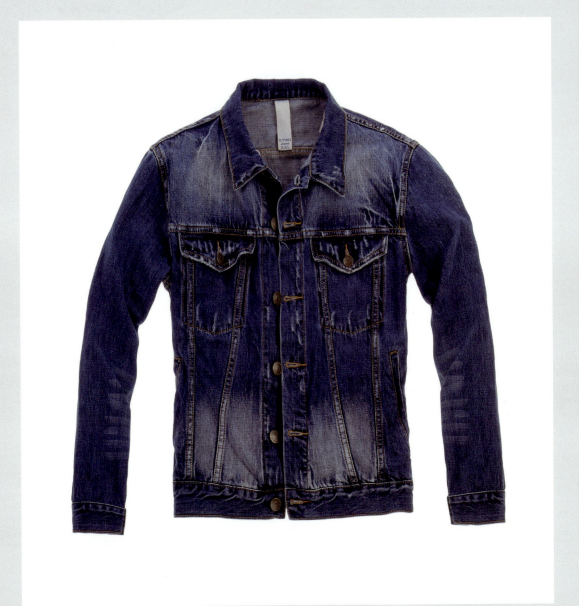

第 8 章

抠 图

用钢笔工具抠图是 Photoshop 修图最基本的技法，必须熟练掌握。

本章将向你展示整个抠图过程，包括抠图之前的图片合成、抠图技巧、专业锐化技术等。

希望大家能照着练习，如果遇到细节上不一样的地方，可以与身边的人交流解决，有目标的练习和细节问题的自主解决，会让你进步飞速。

我们先从照片的拍摄开始。

1. 所有珠宝产品在拍摄前，要先用鹿皮清洁各个面。

2. 布光不是很复杂，在珠宝上边拉一张硫酸纸，直接打光。由于是白底，有足够的反光，所以不需要用白卡纸或银卡纸反光。（此时有反光反而不好，会在珍珠上形成过多光块。）

3. 调整产品造型时,不要用手直接接触珠宝。

4. 小技巧:可以用圆形纸杯底部推出一个大体的圆形,再用其他工具细调出一个很圆的圆形。

5. 拍了三张不同焦点的照片。

   在 Lightroom 里打开三张照片，调整白平衡、曝光度、对比度。这张截图是第三张——后景清晰（因此前景模糊）的照片。

6. 来看看三张照片在 Lightroom 里调整后导出的 JPEG 格式的图片。

   这张名称为 IMG_1232 的照片，对焦在最前端离我们最近的珍珠上。

7. 名称为 IMG_1233 的照片，对焦在中间段，中间段清晰。

8. 名称为 IMG_1234 的照片，对焦在最远处。三张照片焦点不同，由于镜头的"呼吸效应"，它们会有细微的不同。
   在 Photoshop 里将对它们进行叠加合成。

9. 在 Photoshop 里合成三张焦点不同的照片。执行"文件"/"自动"/"Photomerge"命令。

10. 在弹出来的"Photomerge"对话框里单击"浏览"按钮，再从弹出的"打开"对话框里找到之前导出的图片。按住 Ctrl 键，把它们全部选中，然后单击"确定"按钮。

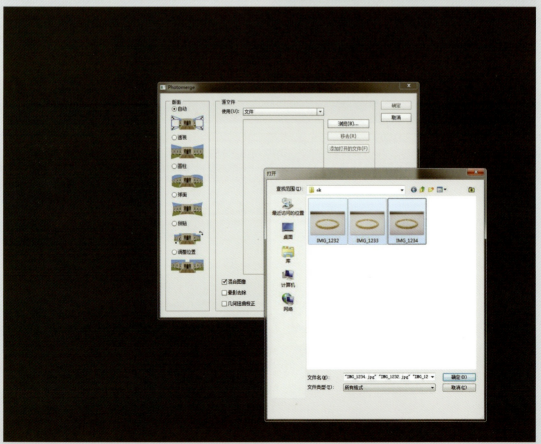

11. 在"Photomerge"对话框中，三张图片的名称将出现在列表框中，单击"确定"按钮。

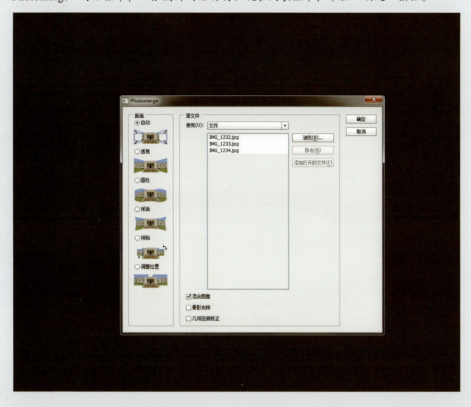

12. 于是，在Photohshop里出现一个文件名为"未标题_全景图1"的图像。右侧的图层面板，三张图片已经重叠在一起，但上面的两张都链接着黑色蒙版，没有被显示出来，只有下面IMG_1234.jpg这张图片是显示出来的。这张图片最远端是清晰的，最近端是模糊的。

13. 怎么办？擦！

在图片 IMG_1232.jpg 的蒙版图层上（只有这个图层是激活的），用"画笔工具"（把不透明度和流量都设定为 100%）把该图前端清晰的部分擦出来。如下图所示，离我们最近的清晰的前端已经擦出来了。

14. 同理，擦出图片 IMG_1233.jpg 中间清晰的部分。如果擦过了，会把前端或最远处给擦模糊，那么按住 X 键将前景后景调换过来，再去擦刚才不小心擦过的部分，则清晰的部分又显露出来了。画笔和蒙版就有这个好处，可以随时对图层进行显露和遮盖。

15. 现在，得到了一张从近到远都清晰的图像。先把三个图层合成一个图层。单击最上面的图层，然后按 Ctrl+Shift+Alt+E 组合键，出现了一个新的图层"图层1"，这就是我们的工作图层。

16. 按 Ctrl+R 组合键调出标尺，将鼠标放在标尺内部，然后按住鼠标往图像上拖动，就会出现蓝色参考线。

17. 按 Ctrl+T 组合键激活"自由变换"工具,按住 Ctrl 键,调整右上角和左下角,让图像变成水平放置。

18. 在"视图"菜单下找到"清除参考线",单击"清除参考线",别让它们干扰视线。

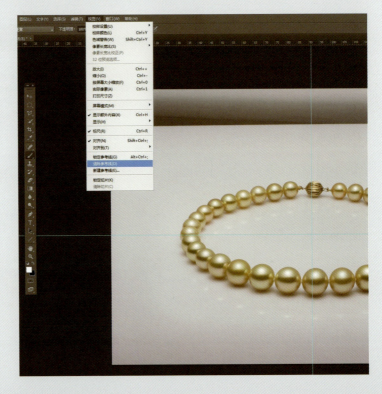

19. 对这个全清晰图像的图层进行抠底。

20. 按 P 键,激活"钢笔工具"。按 Ctrl+ 加号组合键,把图像放大到 300% ~ 400%。

为了让大家看得清楚,将图像放大到 400%。

然后,在珠子边缘稍微靠里的地方单击一个起始点,再在下一个点单击并拖动,让路径线贴近珠子的边缘。

注意,要把泛白的小白边抠除在外,即使后面还要再往里收缩。

21. 继续进行"单击"→"拖动"→"单击"动作,当出现如右图所示的无法贴合边缘的状况时,按Ctrl+Z组合键返回一步,然后把光标放在切线点上,按住Alt键单击。

先按组合键Ctrl+Z后退一步,再按住 Alt 键单击这个点

22. 此时,前进的切线暂时收回,可以继续往前进行"单击"→"拖动"动作了。

23. 特别是当遇到这种锐角拐点时,要按Alt键并单击切点,让前进的切线停止,然后继续往前进行"单击"→"拖动"动作。

24. 当觉得前面好几步都抠得不够精确时,想重新来过,那就按住Ctrl+Alt组合键,并连按几次Z键,就可以后退好几步。

25. 我们已经回到了最初的起始点,单击起始点,稍微拖动,抠出的线条闭合了。

26. 上面的线条闭合后——也就是珍珠的内圈已经闭合,我们可以开始抠外圈,开始新一轮的"单击"→"拖动"动作。

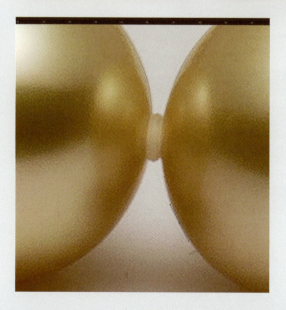

27. 如果发现那里不够圆，可以按住 Ctrl 键，把光标移到任何一个小节点上拖动，就可以调整路径曲线。

28. 里外层都勾好之后，别忘记勾这些小空隙。

29. 按 Ctrl+Enter 组合键，激活选区。

30. 执行"选择"/"修改"/"收缩"命令。

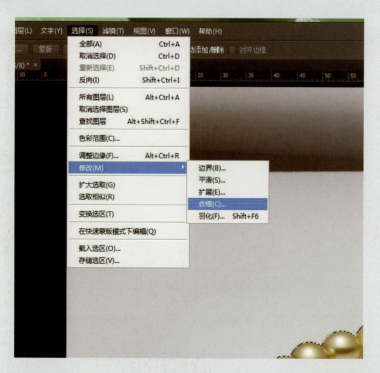

31. 往里收缩1个像素,把刚才那些可能多的白边去除。

32. 按Shift+F6组合键进行羽化。对于精细的产品,"羽化半径"一般设为"0.5";比一个酒瓶大的产品,一般设为"1"。

33. 按 Ctrl+J 组合键，把抠出的珍珠项链复制到一个新图层，选区的边线消失。

34. 单击图层1，按 Ctrl+M 组合键，用曲线工具把底面提亮。

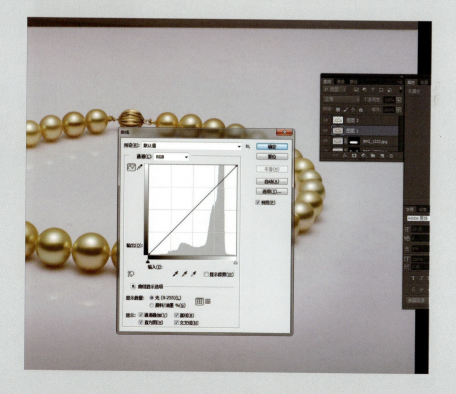

35. 放心大胆地拉动曲线,让底面变成纯白色。

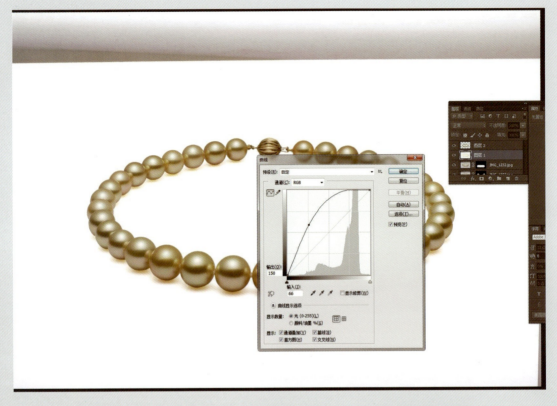

36. 如果觉得影子有点儿淡的话,再用曲线调整,把影子加重一点。

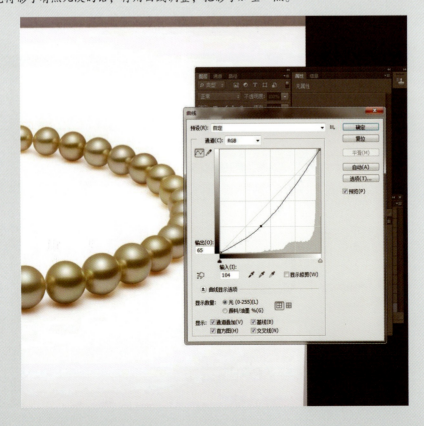

37. 按 Ctrl+Shift+Alt+E 组合键，把所有的图层盖印为一个新的图层。

38. 选择"矩形选框工具"，快速地擦干净画面。

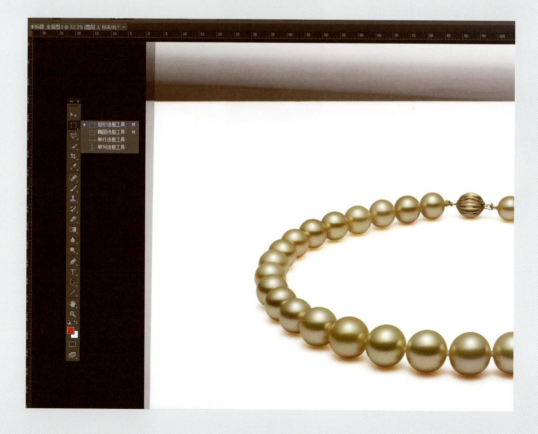

39. 用"矩形选框工具"选择一块儿面积，然后按Ctrl+T组合键，进入自由变换模式。

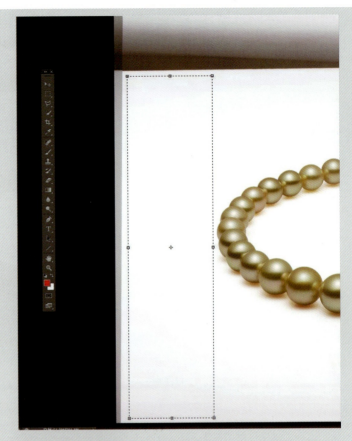

40. 将限制框左侧的边线往左拉，之后按Enter键确定，并按Ctrl+D组合键取消选择。

41. 用同样的方法覆盖顶部"穿帮"的区域。

42. 继续覆盖右下角"穿帮"的区域。

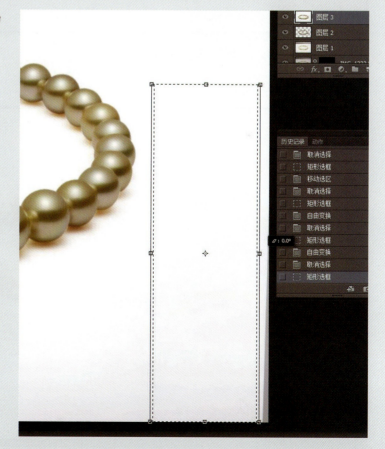

43. 画面干净之后，调整珍珠项链的位置。

   单品的照片一般是上紧下松的构图，虽然这条项链是横向摆放的不必太靠上，但目前这个位置还是有点儿偏下。

   距左边缘的距离也有点儿大，不够居中。

   按Ctrl+J组合键，复制一个新图层，然后按V键，激活"移动工具"。

44. 持续按上下左右键，让项链移到合适的位置。

   下方又出现"穿帮"的区域，再进行一次"盖印图层"→"边框选择"→"自由变换"的操作，把"穿帮"区域覆盖。

45. 珍珠颜色有些淡，用曲线工具把它们压暗，这样颜色更饱和一些，体积感更强。

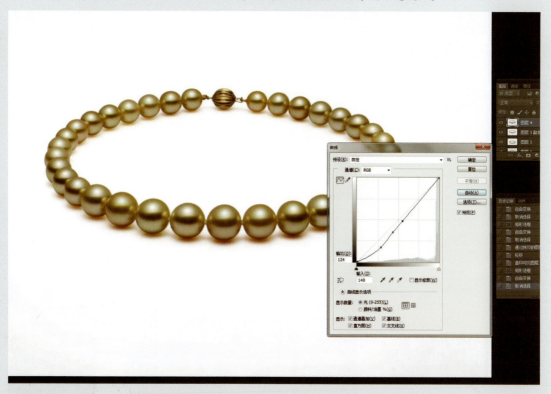

46. 最后，对图片进行锐化。执行"滤镜"/"其它"/"高反差保留"命令。

47. 将"半径"设为"2.2"。

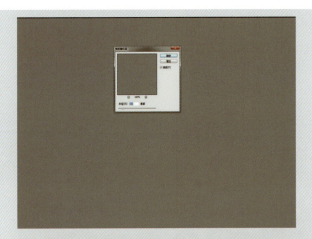

48. 图层的混合模式改为"叠加"。

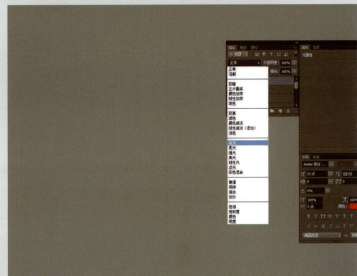

49. 如果觉得太过,可以降低不透明度度。

50. 拼合图像。整个抠图工作完成。

51. 最终照片。

第 9 章

珍珠戒指局部的修补

本章内容，由珠宝公司的专业摄影师/修图师王明仕，演示从拍摄到修图的整个过程。

拍摄珍珠，光线不要求多，但要求精确，如珠宝表面的高光和暗部的比例、色泽区域的过渡等。另外，在角度和造型方面，要突出产品的"款"和"型"。

修图部分，主要向大家演示如何补全大面积的缺口，以及如何制作出平滑流畅的光线过渡区域的边缘。

1. 拍摄对象是一颗价值4万元～5万元的大溪地珍珠。如何表现它的光泽呢?

2. 拍摄前,用柔软的鹿皮清洁珍珠表面,再开始布光。根据要在珍珠表面形成的高光区域的大小,来决定顶灯的高低,以及要不要加蜂巢来束光等。

3. 灯位于顶部，可以稍微靠后一点，半透明的硫酸纸放在灯前用来柔化光线。

4. 一位澳洲的朋友送给我一个精美的礼物——采自新西兰深海的鲍鱼壳。这个鲍鱼壳的光泽与珍珠的光泽一模一样，作为背景道具再合适不过。

5. 拍摄了一组照片。现在开始选图，这张照片只是把产品随意地"搁"在那儿，全无美感。

6. 其实产品横着摆放，画面的灵动感都不够，所以这张也不考虑采用。

7. 竖构图画面灵动，只是这张图片，四周稍显拥挤，所以不考虑用。

8. 其实每张照片正对着我们（观者）的黑色开口的边缘都有些不整齐，这是我们要修的一个重点。

9. 选这张照片作为本章的案例。这张照片，珍珠戒指有一点儿倾斜，珍珠表面上的高光边缘不够平滑整齐。

10. 首先，在 Photoshop 里打开这张照片，复制一个图层，按 Ctrl+T 组合键，然后左手按住 Ctrl 键，右手用鼠标拖动四个角，把图片拉正。

11. 需要对图像进行裁切。

激活"裁切工具"，调出变换控制框，把珍珠戒指置于画面的中心，按 Enter 键，画面的四角仍然有多余的背景。

12. 激活"套索工具",单击鼠标右键弹出下拉列表,选择"多边形套索工具"。用多边形套索工具在图像右上角多余的背景部分拖出三条直线(一定要闭合),形成一个三角形。现在,从菜单栏单击"编辑"命令,从下拉列表中选择"填充"工具。Photoshop将把选出来的三角形部分填充。

注意,弹出的"填充"对话框里"使用"选项,默认的就是"内容识别",单击"确定"按钮。多余的背景部分就完美了!

13. 按 Ctrl+D 组合键,选区消失。现在,按 Ctrl+0 组合键,图像按屏幕大小缩放。观察照片,分析哪些地方需要修饰。

分析照片要靠自己的拍摄、修图经验,以及对产品的理解。

我认为正对我们的黑色开口有些大,边缘也不整齐。这部分是修图重点。戒指上镶嵌的钻石部分显得比较平,层次不够突出。这两部分是修图的重点。

还需要对珍珠部分进行提亮,突出它的光泽,以使它和背景分离得更明显。

需要把戒指内侧的黑白边缘线修得更柔和,这就需要专业修图师"画"珠宝的技巧啦。

好吧,现在让我们先处理最聚焦的珍珠部分。

14. 把珍珠上高光的上边缘弧线修得整齐一些。具体的做法是在与边缘弧线极近的地方拷贝出一块边缘平滑的图案，盖住原有的参差不齐的边缘。

    按 Ctrl+ 加号组合键，放大图像，放到足够大时停止。（按 Ctrl+ 减号组合键是缩小图像）

    单击工具栏里的"钢笔工具"，在上边缘内侧单击第一个绘点，再把光标放到另一头单击第二个绘点并拉动，直到弧线刚好到干净的边缘内侧（这个是最基本的操作，初学者需要多练习）；再把光标放在刚才的绘点上单击同时按 Alt 键，绘点两头的参考线消失；再把光标从上方绕回放到初始光标附近，单击并拉动，单击绘点同时按 Alt 键，最后再把光标放到初始绘点上单击，路径闭合。

    钢笔工具是十分基础的操作，一定要多练习，达到熟练掌握。

    按 Ctrl+Enter 组合键，激活选区。

15. 按Shift+F6组合键，弹出"羽化选区"对话框，根据照片的像素大小，将"羽化半径"设为"3"像素。这块选区必须羽化一下边缘，移动粘贴时才会和周围自然过渡。

16. 按Ctrl+J组合键，选区边线消失，右边的图层面板出现了"图层1"，已经把刚才的选区复制了一块出来，并以新图层的形式出现。现在移动"图层1"来覆盖原来参差不齐的边缘。

17. 修补的部分出现了痕迹，可以用修补工具去除痕迹。单击工具栏上的图像修复工具，再单击鼠标右键，出现下拉列表，单击像补丁一样的修补工具即可。

18. 操作修补工具之前，先把"图层1"合成到"图层0"。按Ctrl+E组合键，图层面板只剩下"图层0"。现在，用修补工具的笔尖绕着痕迹圈一个圈，光标放在圈内，向上或向下拖动，再放开鼠标，痕迹消失。

19. 将痕迹一部分一部分地圈起来再拖动到近似区域，直到所有痕迹消失。

20. 用修补工具把珍珠表面的瑕疵修掉。

深色部分出现的手的倒影，可以用仿制图章工具修干净。

具体操作：单击工具栏上的"仿制图章工具"，把光标移动到图像上，通过左中括号键或右中括号键，缩放画笔的大小。

在工具属性栏将"不透明度"设为"26%"。再回到有倒影的地方，先在倒影附近黑处单击同时按Alt键（圆圈变为十字线）取样；接着放开Alt键，将光标移到倒影处单击，覆盖倒影。单击多次，覆盖得实些。

如果画笔出现边缘，把硬度拉小，边缘就会柔和起来。

用修补工具和仿制图章工具，完成珍珠表面的基本修饰。

你有没有发现，不止珍珠，整个画面出现了粗糙的噪点，可以用模糊工具把噪点柔和一下，但最终还是需要有一部好相机，最好是中画幅的数码后背。

21. 用钢笔工具把珍珠勾出来,单独调整色泽和对比度,模糊一下噪点使其不那么明显。

22. 用钢笔工具勾一个闭合的圈,按 Ctrl+Enter 组合键,激活选区,再按 Shift+F6 组合键,"羽化半径"设为"1"像素。然后按 Ctrl+J 组合键,选区边线消失,页面右边的图层面板里的"图层 0"上面又出现了"图层 1"。

23. 按 Ctrl+M 组合键，把斜线拉出一个小幅度的 S 曲线（可以多拉几次，观察结果），珍珠的对比度增加了，色泽更浓了。

24. 刚才说过，为了减少图像上的噪点最好一开始就使用好相机来拍摄。在这里，照片已经拍好，把珍珠的效果再用滤镜优化一下。在菜单栏单击"滤镜"，在下拉菜单中单击"杂色"，在下拉列表中选"减少杂色"。

25. 珍珠部分的修图完成。

   现在要修戒指侧面的镶钻部分。需要对镶钻部分加强锐度和对比度，目前这一块（三部分）太平淡。在"图层0"上用钢笔工具将这一块勾出。

26. 用钢笔工具勾出镶钻部分（内部的孔也要勾出），然后按 Ctrl+Enter 组合键，激活选区，再按 Shift+F6 组合键，根据此部分的虚实程度进行羽化，按下 Ctrl+J 组合键，生成新的图层。单独对它进行操作。

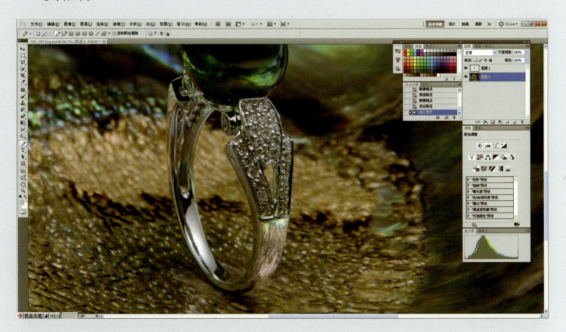

27. 按 Ctrl+M 组合键，用曲线工具拉出 S 曲线加强对比度和质感。

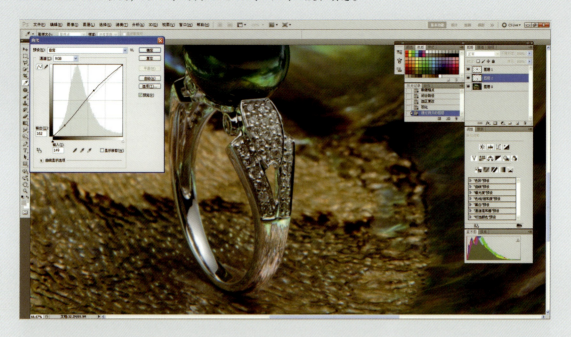

28. 处理戒指内圈的不规则发光面。

   我们不得不用涂抹工具和画笔工具"画出"这一部分的光感。

   你在很多征婚网站或珠宝展产品画册上看到的完美得有些不真实的戒指照片，大多是用这几种工具"画"出来的。

   复制图层 0（按 Ctrl+J 组合键），以免操作不理想时还有原图层。

   在复制出的"图层 0 副本"上进行勾选和羽化。因为这一部分画面是在景深之外，所以羽化的数值相对大一些。"羽化半径"设为"4"像素。

29. 在工具栏的"模糊工具"的右键下拉列表里单击"涂抹工具",然后在不规则的光带处涂抹,画笔的大小和硬度可多调试几次。

30. 把相邻的其他几个部分进行同样的处理:勾边、建立选区、羽化、涂抹。当觉得光感和周围环境呼应时,停止操作。我没有修得太过,太过的话能看出人工操作的痕迹。毕竟,我们拍摄的是实物图,不是效果图。我相信很多修图师会修得比我好。

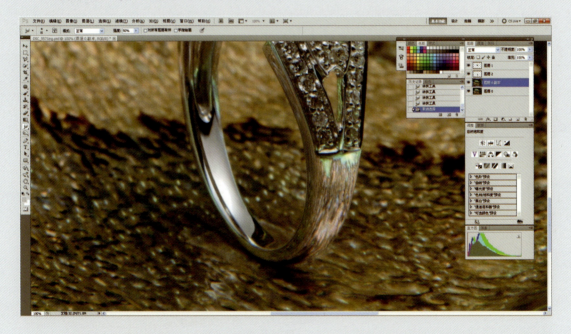

31. 到这一步修图就快要完成了，只需做一些收尾的工作。把图片缩小看一下整体效果，也许镶钻部分再亮一些会更好。按Ctrl+M组合键激活曲线工具，把这部分拉亮。如果你认为珍珠部分也要再亮一点，激活"图层1"，用曲线工具将这部分提亮。

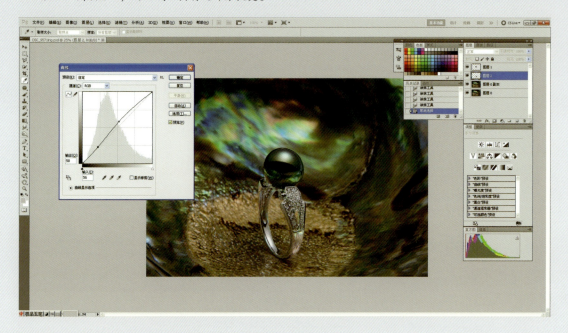

32. 现在消除掉戒指底部的双面胶。单击工具栏的"仿制图章工具"，把"不透明度"设为"50%"，以防画笔出现边痕。回到"图层0副本"，按Alt键并在双面胶旁边干净的地方取样，再在双面胶上单击，单击多次，要覆盖得彻底。还可以把"不透明度"加大到"80%"或"100%"，但要注意画笔痕迹。我顺便也把画面左下角的一些小白点擦除了。

33. 合成最终图像。单击图层面板菜单栏最右端向下的按钮，出现下拉列表，单击"拼合图像"，所有的图层合成为"背景"图层，储存照片。

34. 最终效果。

几天以后，当我再次打开图片时，忽然发现这张图的构图还有缺陷，珍珠戒指的底部留白太少，画面总是有下坠感。

35. 通过改变画布面积，并使用 Photoshop 强大的"自动识别"功能来填充新增面积。

    具体做法：在菜单栏"图像"的下拉列表单击"画布大小"工具。

36. 在"画布大小"对话框里，把"高度"由默认状态的"厘米"变为"百分比"，然后把下方的九宫格中心点移到顶栏中心（在那里单击一下就行）。

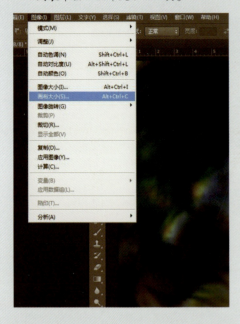

37. 单击"确定"按钮，画布就会延伸出 10%。

38. 按 M 键，激活"矩形选框"工具，从新区域的左上角拉到右下角。

39. 按 Shift+Backspace 组合键，弹出"填充"对话框，将"使用"设为"内容识别"，单击"确定"按钮。

40. 填充完毕。

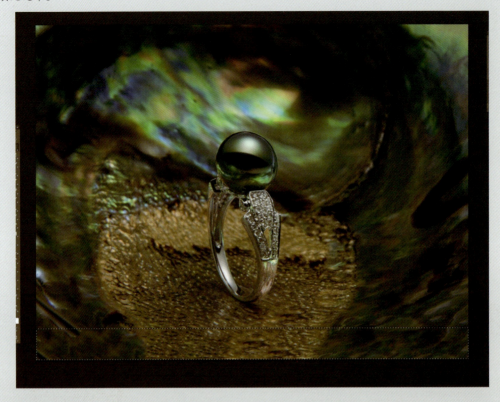

41. 按 Ctrl+D 组合键取消选区。戒指下方的空间多了一些，构图变得更好了，但似乎还不够。那就再改变一次画布大小，再填充一次空白区域。

42. 打开"画布大小"对话框,设置参数。

43. 又在下面增加了10%的画布。

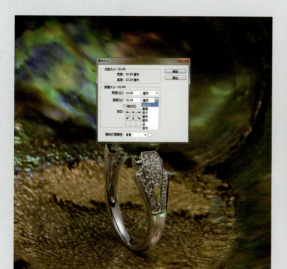

44. 再次进行填充,构图更完美啦。

45. 最后，用仿制图章工具把左下角的斜纹修掉，并用"高反差保留"工具锐化图像，完成。

46. 这张图片中咖啡瓶的位置也有一些靠下。

47. 同样用刚才讲过的方法去填充，得到新的更舒服的构图。

第 10 章

珍珠吊坠：刻画光感

每一种产品，都可以用不同的布光方法来拍摄。

同一件产品，由不同的摄影师去拍摄，由于摄影师对产品的理解不同，所以布光方式也完全不同。

本章的南洋珍珠吊坠，通常是用硫酸纸遮住大面积光源进行拍摄，但这张珍珠吊坠，为了保持画面的暗调，用了两只加标准罩的硬光，灯前什么柔光设备也不加，直接打光拍摄。

这样拍摄的确让画面保持了很不错的暗调，珍珠表面的质感也很真实，但是不好的一面就是吊坠的黄金金属部分形成了太多的黑场，显得粗糙杂乱，金属上面的镶钻也不明显。

因此，要在 Photoshop 里塑造出金属的质感。

第10章
珍珠吊坠：刻画光感

1. 这张照片在拍摄时的光质（硬光直打）有些特别，画面宁静沉稳，同时又有点神秘。其实从光源面积和珍珠面积的比例来看，能打出硬光的闪光灯标准灯罩，是非常合适的光源尺寸。拍这种质感这么小的产品，用普通的柔光箱是拍不出金属质感的，即使勉强打够了光线，产品质感看上去也会非常软。就像在下一章修的银色钻石戒指，就是用柔光箱拍的，相对于那么小的戒指，柔光箱的光线太平面、太散、太软了。

2. 从放大的图像上可以看到，用硬光拍出来的珍珠项链，上面的黄金叶子部位则全是高曝光点和黑场，质感、光感都没有体现出来，所以这是我们修图要解决的重点。

3. 在 Photoshop 里打开图像。
金属部分的造型，是一片叶子。先抠出叶子的右半部分（就叫"右额叶"吧），这部分的高曝光点最引人注目。

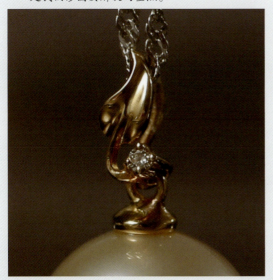

127

4. 用钢笔工具抠完并闭合路径，按 Ctrl+Enter 组合键激活选区，进行羽化，以便与周围其他部分形成更好地融合。

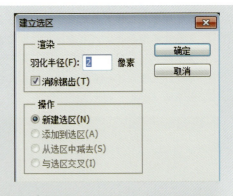

5. 先把这个选区的光感和质感给刻画出来。

6. Photoshop 里有一个制造光感的绝佳工具——涂抹工具。激活这个工具时，图像像素就会变成稀释的糖浆一样，随着涂抹画笔的拉动而移动，如图左下图所示。

7. 需要注意的是，用涂抹工具涂抹时，必须顺着产品结构以及光线的走向，切勿改变产品原有的结构，这样涂抹的效果才真实。

8. 叶子的右半部分完成了，再用钢笔工具抠出叶子的左半部分（就叫"左额叶"吧）。

9. 注意不要忘记羽化选区。

左额叶的上部分太黑,需要给它画高光,有了高光,金属才有质感。

10. 用画笔工具给它画一点高光,高光的取样就在右额叶的高亮处。

用画笔在相应位置画出高光点之后,就用涂抹工具涂抹。

11. 缩小看一下效果,金叶子的光感就出来啦。

12. 修图是个精细工作，不要忘记金属叶子右侧棱上的高光部分（用红箭头标示的地方）。这个细细的地方，同样需要用钢笔抠出来涂抹。抠图和涂抹时，都必须顺着光带的弧度来进行。

13. 现在轮到金属叶子的叶柄，它分为侧面和内表面。

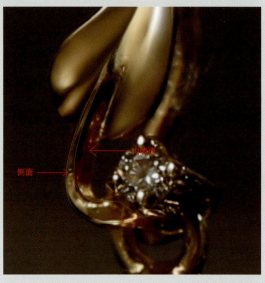

14. 先抠取侧面进行羽化和涂抹。羽化的数值要根据选区的大小来决定，可以多试几次。

15. 在处理侧面和内表面交接的地方时（用红箭头标示的地方），一定得注意涂抹的幅度不要太大，不然会改变产品的结构。

16. 用红箭头标示出的圆曲面的高光部分，同样需要顺着光线的走向来涂抹，这些光带是横向的。

17. 修图是很需要经验的一件事情。修图工具比较简单，但是经验会告诉你如何去观察、观察什么地方、这些地方该如何处理。
比如靠近珍珠的金属座部分，高光和暗影的结合部位，光感不够强所以要用涂抹工具增强光感效果。

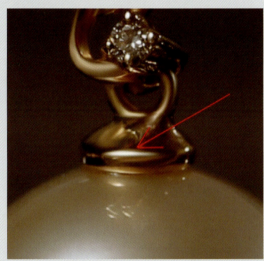

18. 涂抹之后的效果。

19. 靠近钻石的金属托部分也同样进行涂抹处理。很多人会把这些细节部分忘记。

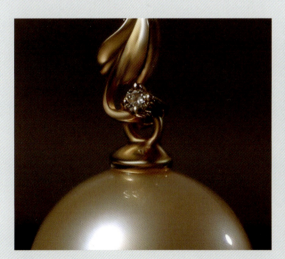

20. 用套索工具快速地勾出钻石。

21. 用曲线工具提亮钻石。

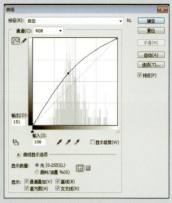

22. 涂抹完毕的金属部分已经接近完成，还需要对它的色彩饱和度进行调整（校正）。

用套索工具快速圈出金属部分，金属部分内部的两个空隙以及钻石除外。对圈出来的金属部分进行羽化，"羽化半径"为"5"像素，并用曲线工具进行提亮。

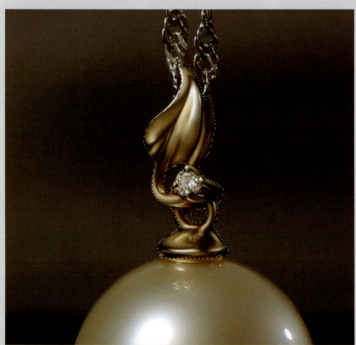

23. 按 Ctrl+B 组合键弹出"色彩平衡"对话框，如下图所示，给金属部分加一点黄色，以体现金子的颜色。

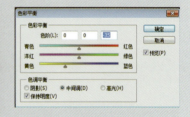

第 10 章
珍珠吊坠：刻画光感

24. 问题最多的金属部分就处理完了。

25. 再来看看珍珠，色彩偏淡，明亮度不够，这是用数码相机拍摄经常会出现的问题。

26. 把珍珠抠出来，先用曲线工具进行提亮。

27. 然后，再给它增加一点金黄色的光泽。

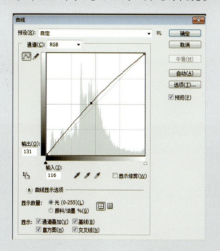

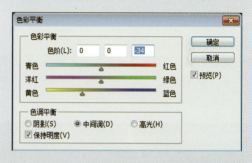

28. 在拍摄圆形反光物体时，它的表面如果出现高光带的话会更有层次，因此给这颗珍珠人为地做一个月牙形高光带。

新建一个空白图层，用鼠标右键单击工具栏的"矩形选框工具"，在下拉列表里单击"椭圆选框工具"，按住Shift键，在珍珠的中间靠右上的位置拉出一个圆形。

在这个圆形选区的上面用钢笔工具快速勾出一个部分叠加的圆，按Ctrl+T组合键对其进行变形，使它和第一个圆形选区形成一个自然的月牙。

29. 单击鼠标右键用钢笔工具勾出一个变形的圆，选择"建立选区"，按下图所示进行操作，就得到了一个月牙形的选区，并对选区进行羽化，羽化数值大一些，让其边缘不要太结实。

30. 这个选区的边缘经过羽化过渡，填充后不会出现明显的边缘。

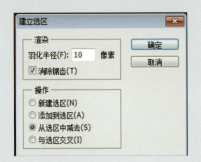

31. 用颜色取样器工具，在珍珠的表面找一块金黄色，按 Alt+Backspace 组合键进行填充，就得到了月牙光。

32. 这个月牙光有些生硬，通过降低其图层的透明度，并用蒙版工具进行修饰。

33. 重点基本完成。

34. 缩小画面到正常大小，观察全图，感觉产品的背景颜色有点偏色。接下来对其进行调色。

35. 用快速选择工具选出黄金金属部分和珍珠,羽化选区边缘,再反选(Ctrl+Shift+I),就选出了背景。

36. 执行"图像"/"调整"/"可选颜色"命令,弹出"可选颜色"对话框,按照右图进行设置。

37. 修图完成。得到了一张背景和吊坠冷暖对比明显,金属具有光感,珍珠光带自然的照片。

38. 如果这张照片是用于淘宝天猫店的海报，可以在上面加一些文字（稍微裁切了一下图片），如下图所示。

39. 这张素材，给大家用来练习上述的修图技巧。

第 11 章

"画"戒指

本章将讲解如何"重新画出"戒指的质感和形态构造。

重新为产品画出质感是专业修图师入门的最佳练习方式。

我们先来看看原图,原图色彩发黄,成像模糊。

原图是用普通闪光灯加柔光箱拍摄的。用柔光箱拍摄这么小的物件,光效差强人意,层次感不够强,这就得依靠后期来补救了。

1. 比较糟糕的原片。

2. 修图的总体思路是一个面一个面地刻画光带和调整色彩。在 Photoshop 里打开原图。

3. 用钢笔工具抠出戒指。（钢笔工具是 Photoshop 的基本操作，一定要熟练掌握。）

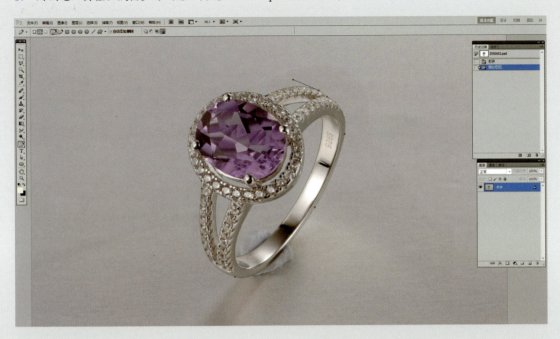

4. 按 Ctrl+Enter 组合键激活选区（抠出的戒指）。

按 Ctrl+J 组合键，把激活的选区复制出新的图层。

如果用魔棒工具在背景空白处单击，自动选择选区，就要按 Ctrl+Shift+I 组合键，进行反选，才能选中戒指。

记住一定要进行羽化，一般羽化半径会设为 0.5 或者 1 像素。

5. 在新建的图层下加一个白色的背景副本图层。遮盖住原始图像，让抠出来的戒指更突出。

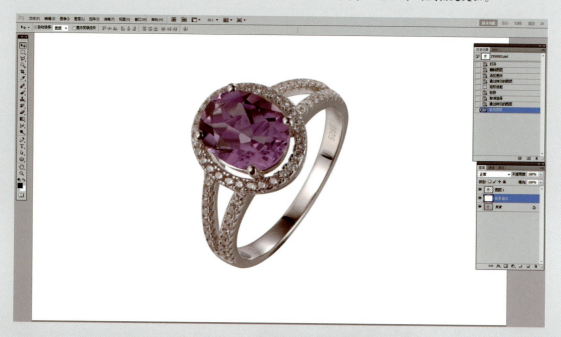

6. 在戒指图层上，抠出金属部分，用"色相/饱和度"工具（Ctrl+U）去除颜色。金属部分脏脏的黄色就没有了。

7. 再抠出宝石部分，建立选区，并用"色相/饱和度"和"曲线"工具调整明暗反差，使其接近实际看到的光影效果。

   这一步调整立即让宝石焕然一新。

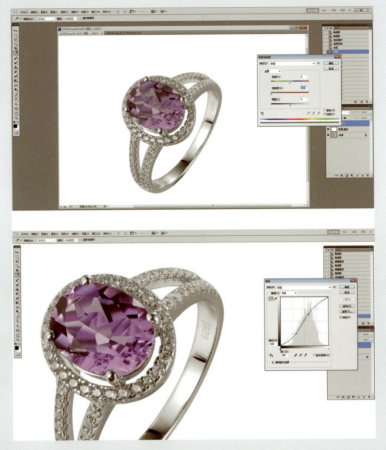

8. 宝石上面的污点，用修复画笔工具仔细去除（这一步比较耗时）。

9. 当宝石和金属两大部分的色彩和对比基本到位之后，再开始进行细部的处理。这是珠宝修图的核心技术，人为地刻画光感。

抠出戒指的侧面，然后用一只白色软边画笔，沿着侧面的内圈，抹出一条细细的白色光带。这样，侧面就形成了具有明暗过渡的光带。

10. 同样的做法，用钢笔勾出戒指的内壁面，建立选区，并用大尺寸的柔边画笔，左右涂抹，光感就出来了。

11. 金属面要有黑色光带才能显出质感，因此在内壁两边离中心 2/3 处画上黑色光带。
先选取内壁两头，再反选一下，中间就选出来了（下一步会看得更清楚）。

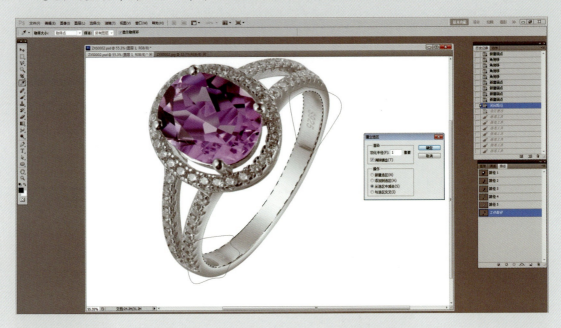

12. 用黑色画笔在选区画上"黑色的光"，渐变的光带效果出来啦。

13. 假如戒指内壁边缘还有一道刻槽，让我们也画出来吧。用钢笔工具画出刻槽，并用画笔工具填充渐变光。

14. 处理包嵌钻石的四个圆顶金属柱。

专业的珠宝修图师都有一个素材库，里面储存着各种做好效果的素材，这样就不用每次都重新去画。做好效果的圆柱头，如下图中红色箭头所示。

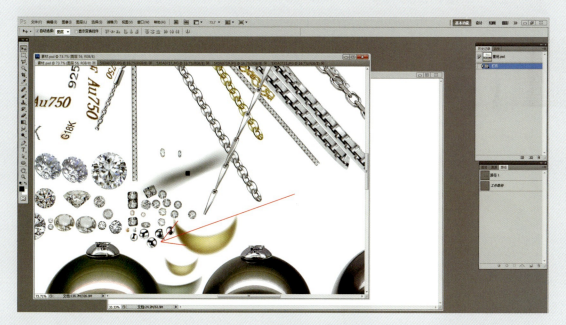

15. 将圆柱头素材按照位置粘贴到原产品相应的位置，注意调整方向和角度。

16. 这时，发现宝石底座的侧面不平整。OK，也用画笔画出来。

17. 再从素材库里找到钻石素材，并粘贴到原图。

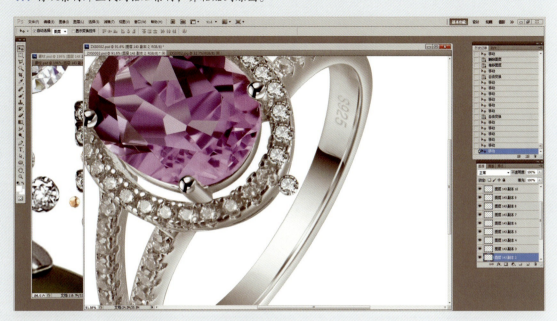

18. 原图中所有的钻石都要替换。

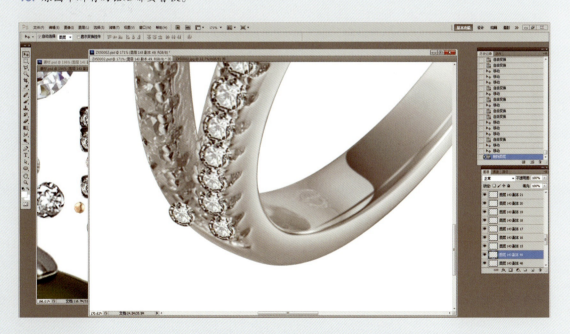

19. 最终效果已经初步形成。不过，还有细节需要完善。

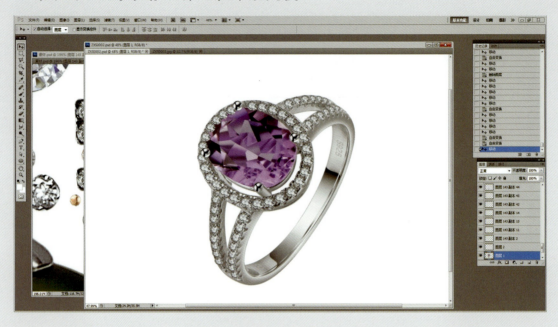

20. 选出戒指的金属部分，用"色彩平衡"工具给金属部分加一些蓝色，这样会显得更高档些。

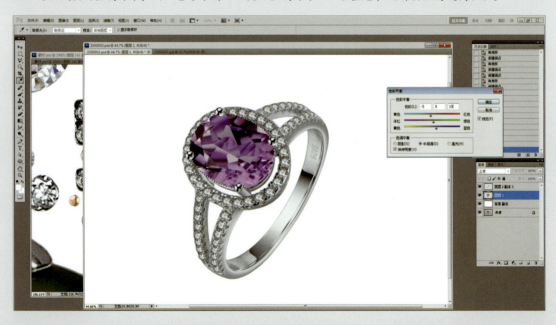

21. 调整后的色彩会显得有一些发暗,用"曲线"工具把它提亮。

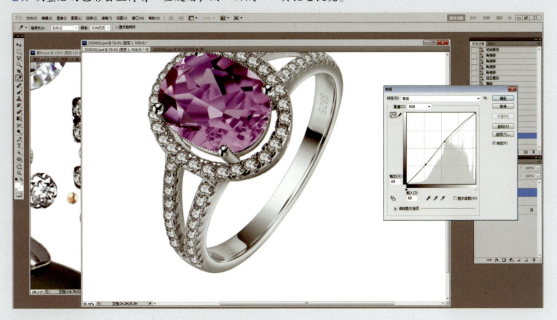

22. 进行反选,用"色彩平衡"工具,加强宝石部分的色彩。

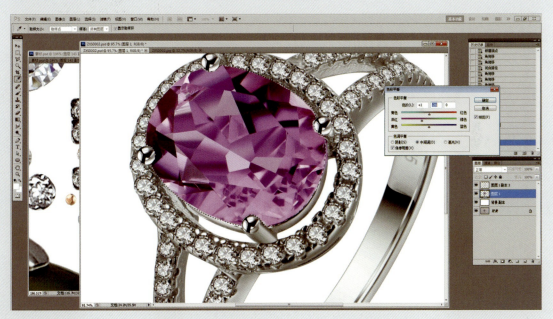

23. 这时候,发现金属内壁的下端存在不够平滑的反光。用钢笔工具抠出来,用画笔工具画出光感。

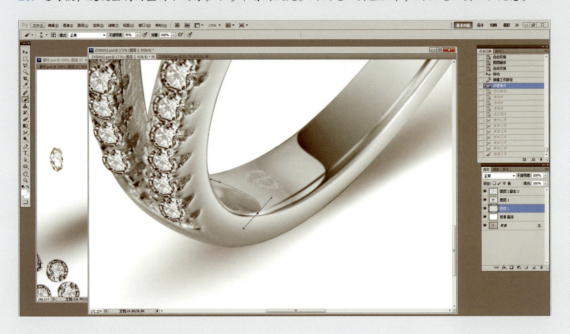

24. 效果如下图所示。

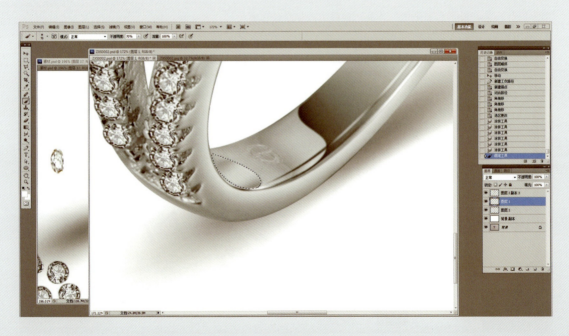

25. 从素材库里找到产品的投影，粘贴到画面中。

26. 检查一下画面，觉得锐度还可以再加强，用"智能锐化"工具加强产品的黑色线条。

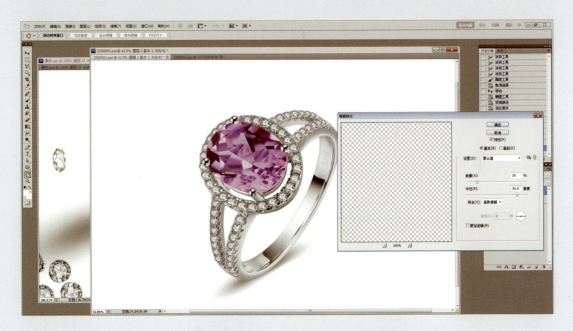

27. 最终效果图。

28. 再看一张快速抠图并粘贴上钻石的图片。

29. 对比精修之后的图片与原图，想一下哪些地方经过了什么样的处理。

修图后　　　　　　　　　　　　　　原图

30. 其他饰品修图前后的对比。

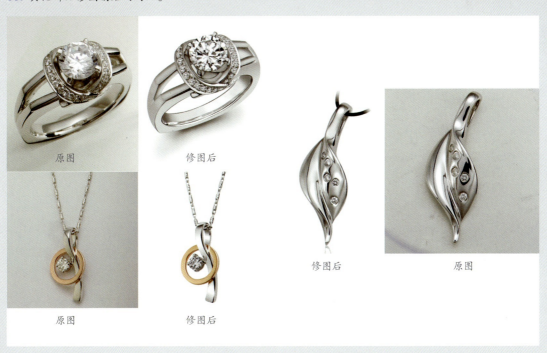

原图　　　修图后　　　　修图后　　　原图

原图　　　修图后

第 12 章

可乐：多素材合成

拍摄动感的液体饮料时，画面的随机性太强。

因此，可能要拍摄好几百张照片，然后再挑图，把挑出的照片取其精华，后期合成得到最佳的效果。

拍摄液体饮料的灯光，主要是背光，让光线穿透液体，从而使液体变得通透起来。

除背光之外，还需要在前方和侧面再补充一定比例的光线。

每一种液体的构成成分不一样，光线一打，饮料的颜色极有可能离我们需要的颜色相差过大。这时，可以考虑要用其他液体代替。

本章拍摄的可乐，就不能用原装的可乐，拍出来的颜色会是一片死黑。

可以用茶来代替，但最终还是稀释了原装的可乐，使饮料颜色显得通透。用茶水代替，可乐的气泡效果就出不来了。

1. 灯光主要是背光。

2. 侧面也需要补光。补光是使用柔光箱还是柔光屏,要根据拍摄对象的材料来决定。

3. 实际拍摄时,半透明的塑料瓶底部太暗,所以后面的灯加了两只。一只负责给饮料打光,一只负责提亮底面。

4. 每次倾倒液体饮料产生的水花都是随机的,所以每次拍摄都不知道是不是已经得到了最佳的效果。

5. 拍摄了几百张，挑出比较满意的几张。

6. 挑图只是工作的开始。标出每一张的特点，比如这一张的水花很漂亮，但两侧太黑。

7. 可以对这张照片单独修图，把两侧提亮，也算是一个效果，但肯定还不是最完美的一张（最完美的照片需要后期拼接出来）。

8. 这张照片，中间的水流很有动感，两侧也较亮。只是，两侧文字的凹凸感令人不满意（个人的主观感受），因此可以作为一张素材图片。

9. 后期成图片时，用了其他照片的左侧的文字。

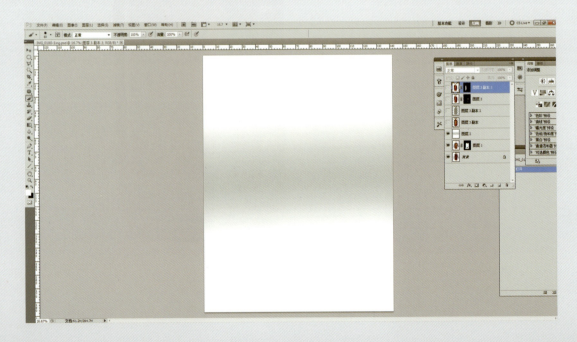

10. 重新做一个更对称的背景光带效果,这个光带不会像素材照片里的原始光带会偏色。

11. 用多个图层制作不同部分的效果。

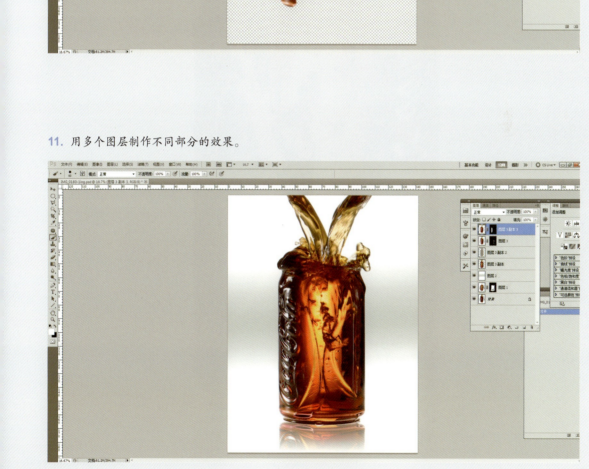

12. 成品图综合了不同照片的优点。

第 13 章

手机：多素材合成

本章将简要介绍手机的拍摄与合成。操作远不如前面章节那么复杂。但是，一直有淘宝学员在问关于手机屏幕画面是如何拍出来的问题，所以在此介绍一下"拍"和"画"的过程。

手机的前期拍摄，只是为后期的制作提供一个素材。

手机上的高光带、过渡面、面板上的图像、功能键几乎都是画上去的。

哪些是靠前期拍摄，哪些是靠后期去画，没有一定的规则，每个摄影师的做法也不一样。

1. 在黑色背景下拍摄黑色的手机。手机的轮廓异常重要，轮廓线使产品浮出背景。用镜子围绕手机边缘，为其勾勒高光轮廓。

2. 用钢笔工具勾出手机的内面板，羽化选区。

3. 按 G 键,激活"渐变工具"。

4. 在工具属性栏上单击"点按可编辑渐变"按钮,弹出"渐变编辑器"对话框。移动光标,设定渐变为从亮灰到深灰。

5. 从手机屏幕外远处开始拉渐变,跨过手机屏幕。

6. 可以多拉动几次,直到效果自然。

7. 根据同样的思路，给手机面板的每一个结构都新建一个图层。每一个图层都画出一个效果，包括光线在手机面板上的渐变过渡。

8. 给手机的显示屏加上图片。

9. 基本已经画好。

10. 屏幕上的照片，在拍摄时镜头焦距有点儿短，所以手部的透视有些夸张。用自由变换工具，调整画面。

11. 完成。

第 14 章

用"蒙尘与划痕"工具净化背景

想一步去除所有脏点和灰尘,那是不可能的!

最理想的状态是用"钢笔工具"把产品抠出来,然后新建一个由灰到黑的光线渐变背景图层。

但那是专业修图师的活儿,修一张照片少则 300 元,多则 600 ~ 800 元(以目前的物价来说)。

作为淘宝网店摄影师,每个产品拍摄 8 ~ 12 张图片,要是一张一张地去抠底的话,要抠到什么时候?要让摄影师在拍摄的时候就把背景擦得绝对干净,那似乎也不可能,无论是玻璃还是有机片,在擦拭清洁的过程中都会产生静电,静电又会吸附灰尘。

本章将展示用 Photoshop 里的"蒙尘与划痕"工具,快速地处理背景,完成修图,加快工作进度。

第14章
用"蒙尘与划痕"工具净化背景

1. 从拍摄出的原图中,可以明显地看到背景中充满了蒙尘和划痕。

2. 用"污点修复画笔工具"和"修补工具",先去除大而明显的脏点。

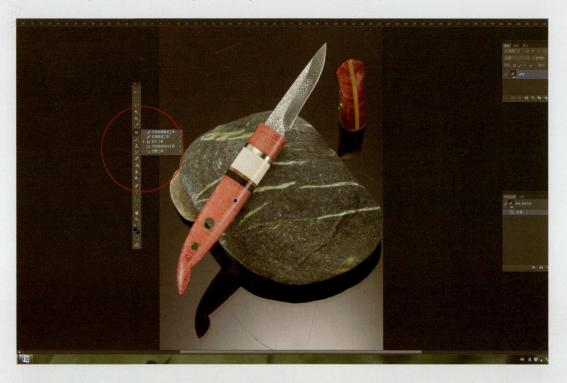

3. 用"修补工具"去除比较大的脏块。

只需把脏块圈起来,然后拖到旁边的干净区域,脏块就变干净了。注意圈不要画得太大,刚好能围住脏块就行。

4. 小脏点只需用"污点修复画笔工具"的画笔在上面单击即可。

5. 大的划痕也可以用"污点修复画笔工具"拉动涂抹去除。不必一次就涂抹到底,可以一段一段地涂抹。

6. 交界线上的脏点，只能用"仿制图章工具"细心地擦除，不能用自动识别的修复工具。

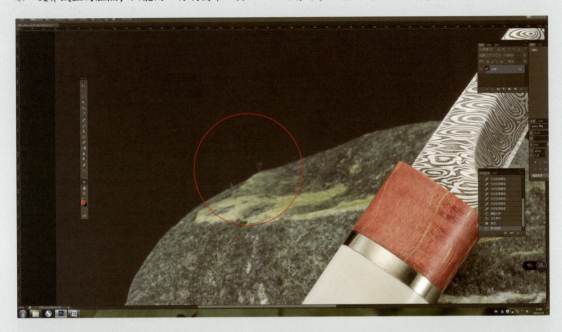

7. 对于太小的脏点，没有必要花时间去一点一点地擦除，太浪费时间，而且只要背景表面有细尘，总是有一种灰蒙蒙的感觉。

   这时候，就可以用"蒙尘与划痕"工具来做出一个干净的背景来。

8. 按 Ctrl+J 组合键复制图层，执行"滤镜"/"杂色"/"蒙尘与划痕"命令。

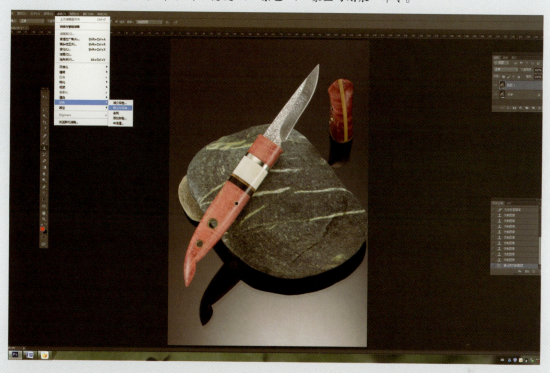

9. 在弹出的"蒙尘与划痕"对话框里，把"半径"设为"5"。也可以多试几个数值，同时观察画面，找到自己认为适合的数值。

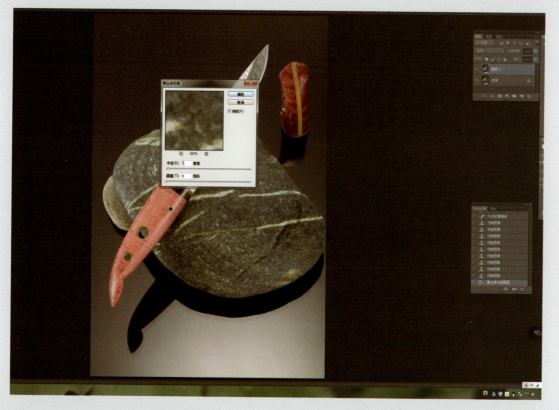

10. 这样一来背景干净光滑了，但是产品和道具也变得没有质感了。用图层蒙版工具把产品和道具还原。

11. 单击图层面板右下角的"添加矢量蒙版"按钮，图层1上就多了一层蒙版（见下图中右边的两个红箭头），然后单击"画笔"工具，确保前景色为黑色。

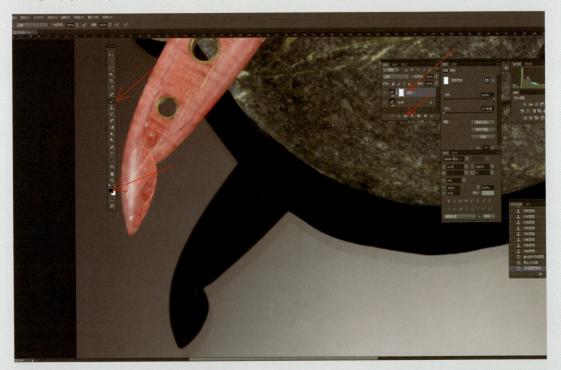

12. 根据产品的大小和边缘的结实程度来设置画笔的大小和硬度，如下图中箭头所示。一般来说，硬度设为 70% 时画笔的边缘会等同于结实的产品边缘。

13. 用"画笔工具"在需要露出质感的地方擦拭，所擦拭的部分质感又显露出来了。

14. 为了检查有没有把想要的区域都还原出来，按住 Alt 键，并单击图层面板里的图层蒙版，此时画面变成了黑白色。黑色部分表示画笔已经擦到的地方，如果黑色部分里还有部分白色，则说明还有没擦到的地方，继续用黑色画笔把黑块中间的白色擦下去。

最后，按 Alt 键单击图层蒙版，图片又回到真实的显示状态。

15. 基本操作已经完成。现在给图片锐化。按 Ctrl+Alt+Shift+E 组合键，盖印一个新图层。然后，执行"滤镜"/"其它"/"高反差保留"命令。

16. 在弹出的"高反差保留"对话框，把"半径"设为"2"，单击"确定"按钮，这里可以明显看到质感细节显现出来了。

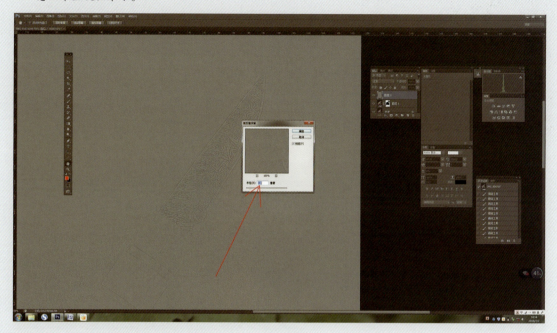

17. 把图层的混合模式改为"叠加"，图片的质感和边缘都得到了加强。

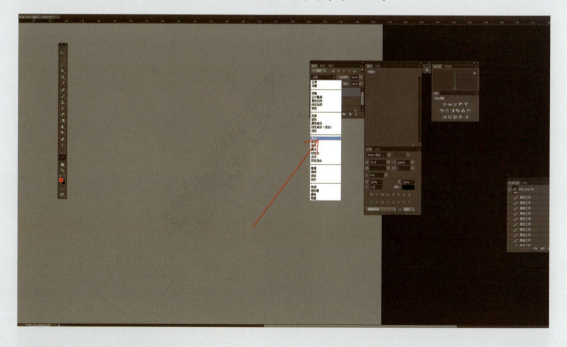

18. 对于不想被锐化的背景部分，仍然用图层蒙版和画笔工具将其锐化效果擦除（针对这张图片，锐化的效果对于背景的影响不是很大）。

19. 最后，觉得画面有点儿亮，想把调子压暗一些，这样画面会显得更有档次。于是，单击图层面板底部的"创建新的填充或调整图层"图标，在下拉菜单里选择"曲线"工具。

20. 调整图层是自带蒙版的，可以把不想要的效果再擦回去。这里先用"曲线"工具把画面拉暗。

21. 如果只想恢复一部分刀柄和刀刃上的亮度，可以把画笔的"不透明度"调到54%，这样在刀柄上每刷一次，其亮度只会恢复54%。

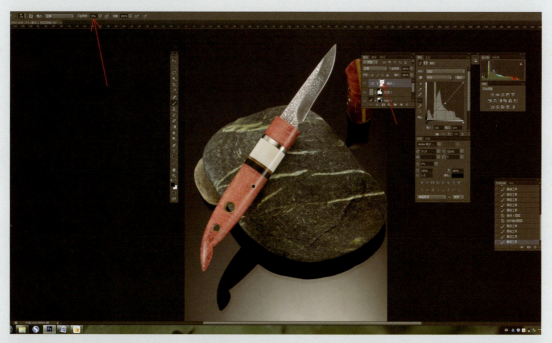

22. 完成。

   要注意的是，"蒙尘与划痕"工具只适合净化背景，不适合净化产品表面。如果碰到门窗表面或者五金表面，那就老老实实地用"仿制图章工具"和"修复画笔工具"。"蒙尘与划痕"工具虽然能够快速除尘，却会改变表面的质感，所以不能应用于产品表面。

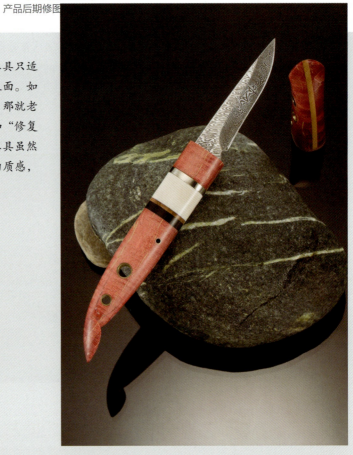

23. 用玻璃底板做背景，玻璃底板最容易吸附灰尘，所以后期处理工作量很大，要用最快的流程去做出干净的背景。

24. 蒙版是一个十分有效的工具，既可以显现想要的效果，又可以还原不希望被改变的效果。如下图所示，左上角的石块和右下角的手串都是经过"蒙尘与划痕"工具处理之后变得没有质感，因为它们不是"主角儿"，所以把它们跟背景做同样的处理，并且不用蒙版恢复质感。

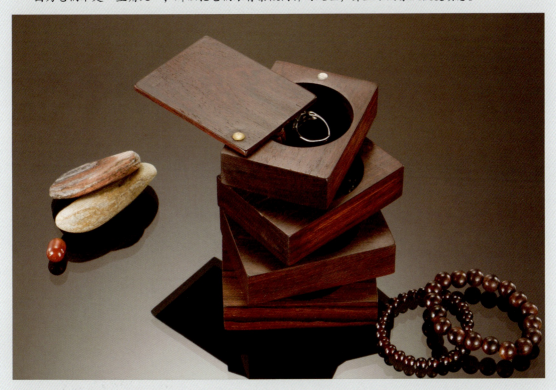

25. 再看这张图片，也做了处理，没有理会左右两侧的配饰道具，只锐化了中间的盒子主体。

26. 说完修图,再来说说拍摄。

一张好的图片,最明显的特征就是光感。就像这张照片,如果背景没有光线的渐变效果,则画面立即会丢失通透灵动的感觉。

所以,如果一张图片的光线太平,但还要让它显得好看,就得在其他方面想办法,比如非常有个性的色彩搭配,或者特别的质感等(最明显的例子就是近年流行的工笔画人像摄影后期处理效果)。

27. 再回顾一下拍摄单品时的构图原则。

这张图片,总体是对角线构图,而主体的摆放遵循了"上紧下松"的原则,视觉上更加舒服。把产品安排得过于居中甚至是靠近底部,那样很不符合人的视觉心理。

28. 最后，用这张图谈一谈画面的明暗分布。

有一种摄影理论认为画面中明亮的部分更容易吸引注意力。于是，许多人在拍摄时，把明亮的产品配上黑色的道具，或是在拍摄黑色产品时，不敢用浅色明亮的背景。结果，拍出的图片十分呆板。上面的理论没有说的另一个原则，是当画面明亮度均匀时，反差点最大的位置更容易成为视觉焦点(如沙漠中的一块黑石)。下图中，石块所占的面积最大，不但是背景，还包围住了产品，再加上位置上的安排，则黑色的茶具自然地成了视觉焦点。

第 15 章

抠底、合成人像图片

最后一章，让我们合成一幅海报。

这是一章非常好玩的内容，它是商业图片合成的方法，但是对象却是我的两位好朋友。

在摄影棚分别给他们拍摄了两幅人像，然后用标准的商业人像抠图和合成方法，分别给他们合成了两张个人形象海报。

1. 在摄影棚的白背景墙前拍摄身穿足球运动服的阿辉。

   背景没有打光，人物离背景2.5米，因此白背景墙自然变为灰色。

2. 用的相机是一款入门级单反相机。

   拍摄时图片设为RAW格式。在Photoshop里打开RAW图像，简单地调整了图像。

3. 因为拍摄时的光线基本控制得到位，所以直接输出到 Photoshop 界面，进行抠图。

4. 在 Photoshop 里，用"快速选择工具"进行抠图。

5. 选出人物之后，单击"调整边缘"按钮，用大小合适的画笔对头发进行选取。Photoshop 的"调整边缘"功能对于头发与背景的识别让人啧啧称奇。

6. 选取完毕（不是抠取完毕，这才是开始），把左下角的"输出到"选项设为"图层蒙版"。我们将用蒙版细修边缘。

7. 人物抠出来后如右图所示。

8. 你会发现，抠出的人物出现了黑色或白色的杂边。OK，现在是蒙版大显身手的时候啦。

   在蒙版上用黑色或白色的画笔进行涂抹（随时放大或缩小画笔，并调整画笔边缘的硬度），这样可以去除杂边。

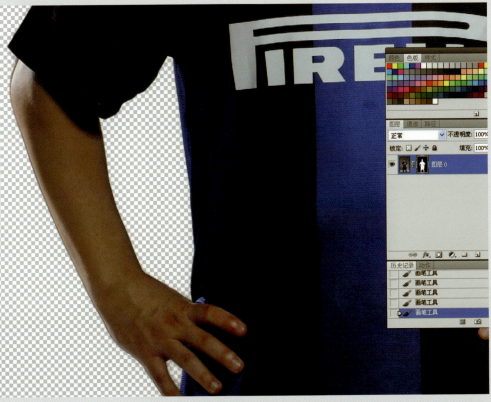

9. 对于这种边缘非常明显的地方，我习惯在蒙版上用钢笔勾出外部的杂边，再用画笔涂掉。人像的抠取工作基本就完成了。下面来做一个酷酷的背景。

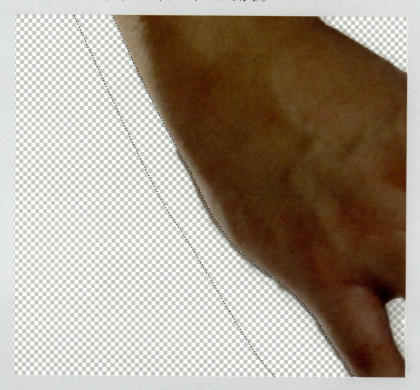

10. 这是大雨过后，在过街天桥上拍摄的云层的图片。

11. 之后会用HDR把云的层次调出来。但还是让我们先修图吧。不得不说，最花时间的反而是修补图像素材里的瑕疵。

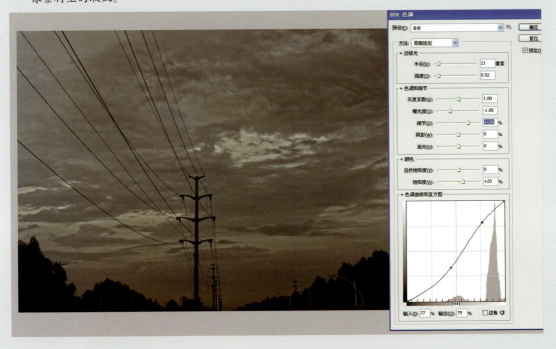

12. 将电线和电线杆修干净。

13. 用 HDR 调整云的层次，不要调得太过。

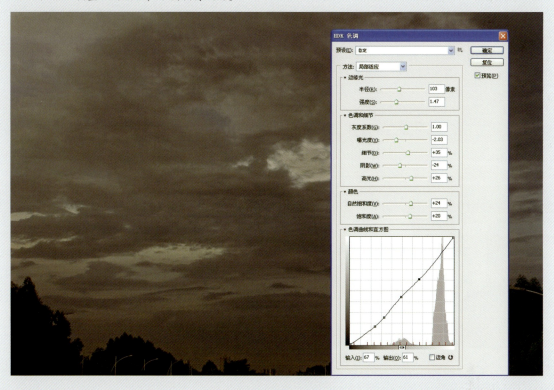

14. 现在，打开我在车上随手拍的几张建筑群的照片。（看我拍得这么歪歪扭扭的样子，相信你可以拍得更漂亮）

15. 先把建筑群粗略地合在一起（这一步不用太细致）。

16. 再用蒙版拼合两张照片。注意将建筑群的色调降低、对比度加强，让它的调子和云层保持一致。

17. 大体上如下图所示。具体做法可以在分层文件里看到。

18. 给背景再增加一层白色。

新建一个图层,拉出白色渐变,像星球大战里的光带。背景基本上准备好了。

19. 选择"移动"工具，在图层面板单击抠好的人物，把它拖进之前准备好的背景图层。

    现在问题是人物色调和背景不够统一，大小透视比例不合适。

20. 调整人物和背景的比例关系。

    按 Ctrl+T 组合键，进入"自由变换"模式，当前图层出现一个限制框，将人物适当缩小，并移动到认为合适的位置。

    接下解决人物和背景的色调不统一的问题。

21. 其实方法很简单。

复制两个图层。选中中间的图层，按 Ctrl+Shift+U 组合键变为黑白，不透明度调为 80%，再选中最上方的图层，把它的混合方式改为"柔光"。

22. 不要忘记修补脸上的瑕疵。我使用的是污点修复工具。

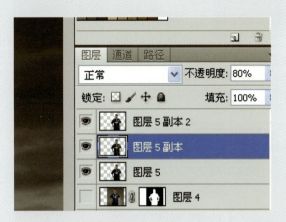

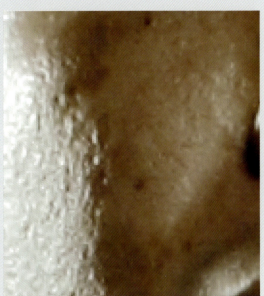

23. 观察整个画面，脸部可以再亮一些。

用套索工具把人的面部圈起来进行羽化和提亮。

24. 为了让人物和背景的地平线光晕一致，新建一个图层，用白色画笔在人物小臂处描绘光晕，这样人物和背景完全融合在一起了。

25. 合成结果。

26. 添加文字的效果。

27. 这是我为好友袁力行，一个篮球爱好者拍摄的人物照。我们将利用其人物照进行抠图与合成。

28. 抠图。

29. 合成。背景加了一层牛皮纸图案,增加质感。

30. 调色。